带电检测技术应用
培训教材

国网河南省电力公司技能培训中心
EPTC带电检测专业教研组 组编

中国水利水电出版社
www.waterpub.com.cn
·北京·

内 容 提 要

本书回顾了国内外带电检测的发展历程和应用现状，从局部放电、光学成像、油/气化学、电流、振动声学等5大类带电检测技术及装置出发，介绍了变压器、高压套管、电流互感器、电压互感器、避雷器、气体绝缘金属封闭开关设备、开关柜、断路器、电缆线路等9类电力设备带电检测的项目和方法，从标准化的角度阐述了带电检测标准的发展历程及标准对检测人员、检测数据及检测装置的要求，给出了5大带电检测技术发现的多起不同类型设备缺陷典型案例。

本书可作为带电检测相关企业、职业技能鉴定培训教材，也可供带电检测技术人员和相关人员自学参考。

图书在版编目（ＣＩＰ）数据

带电检测技术应用培训教材 / 国网河南省电力公司
技能培训中心，EPTC带电检测专业教研组组编. -- 北京 ：
中国水利水电出版社，2022.4
ISBN 978-7-5226-0637-8

Ⅰ．①带… Ⅱ．①国… ②E… Ⅲ．①电力电缆－带电
测量－技术培训－教材 Ⅳ．①TM247

中国版本图书馆CIP数据核字(2022)第066668号

书　　　名	带电检测技术应用培训教材 DAIDIAN JIANCE JISHU YINGYONG PEIXUN JIAOCAI
作　　　者	国网河南省电力公司技能培训中心 EPTC 带 电 检 测 专 业 教 研 组　组编
出 版 发 行	中国水利水电出版社 （北京市海淀区玉渊潭南路１号Ｄ座　100038） 网址：www.waterpub.com.cn E-mail：sales@mwr.gov.cn 电话：(010) 68545888（营销中心）
经　　　售	北京科水图书销售有限公司 电话：(010) 68545874、63202643 全国各地新华书店和相关出版物销售网点
排　　　版	中国水利水电出版社微机排版中心
印　　　刷	天津嘉恒印务有限公司
规　　　格	170mm×240mm　16 开本　11.75 印张　230 千字
版　　　次	2022 年 4 月第 1 版　2022 年 4 月第 1 次印刷
印　　　数	0001—2000 册
定　　　价	**88.00 元**

本书编委会

主　　编：阎春雨　梁文博

副 主 编：李春林　唐志国　何文林　冯新岩

统　　稿：黄金鑫

编写人员：

崔　川　李　飞　杜　钢　李光茂　苏镇西　刘宏亮

段大鹏　张　军　魏力强　王　辉　苗　旺　赵廷志

颜湘莲　陈邓伟　牛　林　马梦朝　胡海敏　郭小燕

黄　晟　袁　愿　张从容　张鹏和　申国俊　许一帆

许一凤　田孝华　汤晓丽

组编单位：

国网河南省电力公司技能培训中心

EPTC 带电检测专业教研组

参编单位：

中能国研（北京）电力科学研究院

武汉高德智感科技有限公司

北京瑞盈智拓科技发展有限公司

红相股份有限公司

中国电力科学研究院

国网北京市电力公司电力科学研究院

国网上海市电力公司市区供电公司

国网浙江省电力有限公司电力科学研究院

国网河北省电力有限公司电力科学研究院

国网安徽省电力有限公司电力科学研究院

国网山东省电力有限公司淄博供电公司

国网山东省电力有限公司检修公司

国家电网有限公司技术学院分公司

国网河北省电力有限公司培训中心

国网吉林省电力有限公司吉林培训中心

南方电网广东电网有限责任公司肇庆供电局

南方电网广东电网有限责任公司江门供电局

南方电网广东电网有限责任公司广州供电局电力试验研究院

山东大学

华北电力大学

前言

电气设备带电检测泛指在电气一次设备不停电的情况下，以获取设备状态信息为目的的一切检测活动。带电检测通常指采用便携式检测仪器，在设备运行状态下进行的现场检测，从广义上讲，带电检测的手段除采用便携式仪器外，尚包括专业人员的嗅觉、听觉、视觉，以及在线监测。随着专业分工的不断细化，以专业人员的感觉为手段的检测行为，被划为巡视的工作范畴，以固定式仪器在现场长时间开展的不停电检测，被划为在线监测的工作范畴。相对于在线监测，带电检测具有投资少、检测结果可信度的特点，但同时对人员安全、设备安全也提出了更高的要求。

存在局部缺陷的电气设备，通常含有"电、光、热、化、机"等多种故障特征信息，针对这些不同的故障信息，带电检测技术衍生出局部放电检测、光学成像检测、油/气化学检测、电流类检测和振动声学检测等带电检测手段。这些手段在2008年的奥运保供电中得到了局部应用，发现了许多设备缺陷和隐患，取得了良好的应用效果。全国各大高校、研究院也开展了新型检测方法的有效性研究，与制造公司合作开发了多种带电检测新仪器，带电检测技术与仪器呈现百花齐放的繁荣局面。随着状态检修的不断推进，各种检测技术得到了广泛应用，成为电力设备安全、电网稳定运行的重要保障。

为有序推进带电检测工作，电网公司及行业管理部门制订了一系列技术标准和管理标准，形成了主要由检测仪器、检测方法等构成的标准技术体系。仪器方面，从检测仪器的技术指标、检验规则、结果评定及量值溯源等方面，对不同种类的检测仪器提出了统一规范的要求。带电检测方法方面，规定了不同类型的带电检测项目的检测条件、检测方法、检测过程和检测结果的表达方式。技术标准涵盖了高频局放、特高频局放、超声波局放、铁芯接地电流、泄漏电流、SF_6 气体湿度、SF_6 气体成分、SF_6 气体检漏、油中溶解气体、暂态地电波、护层接地电流、红外热像、紫外成像等相关检测技术。带电检测管理标准规定了变压器、电缆线路等不同电力设备的带电检测项目、周期及合格判定原则。

近年来，电气设备带电检测技术得到了长足发展，出现了许多性能优异的检测仪器，不同类型的带电检测项目在电网公司、发电公司得到较为广泛应用，为及时感知电气设备状态起到了积极作用，也积累了许多非常成功的带电检测案例。

未来，带电检测技术将共享数字化、物联化等技术的发展成果，在状态感知泛在化、检测环节互联化、识别算法智能化、数据展示人性化、带电检测平台化、巡检工作无人化等方向持续发力，进一步提升检测效率和检测结果可信度，更好地服务电网设备健康状态精准管控。

本书回顾了国内外带电检测的发展历程和应用现状，从局部放电、光学成像、油/气化学、电流、振动声学等 5 大类带电检测技术及装置出发，介绍了变压器、高压套管、电流互感器、电压互感器、避雷器、气体绝缘金属封闭开关设备、开关柜、断路器、电缆线路等 9 类电力设备带电检测的项目和方法，从标准化的角度阐述了带电检测标准的发展历程及标准对检测人员、检测数据及检测装置的要求，给出了 5 大带电检测技术发现的多起不同类型设备缺陷典型案例。案例从技术路线出发，介绍了测试背景及技术要点，通过较为详细的测试结果分析，得出引起缺陷的原因，并给出案例的验证结果。

本书在编写过程中得到河南技培中心的指导与支持，中国电力科学研究院、国网北京市电力有限公司电力科学研究院、国网浙江省电力有限公司电力科学研究院、国网河北省电力有限公司电力科学研究院、国网安徽省电力有限公司电力科学研究院、国网山东省电力有限公司淄博供电公司、国网山东省电力有限公司检修公司、广东电网有限责任公司肇庆供电局、广东电网有限责任公司江门供电局、国网技术学院、山东大学、华北电力大学、吉林培训中心、广州实验院高压所、山东泰开高压开关有限公司等有关单位的专家参加了编写和审定工作。本书共分6章，第1章带电检测技术应用现状由崔川组织编写；第2章带电检测技术及装置由唐志国组织编写；第3章电力设备带电检测技术由冯新岩组织编写；第4章电力设备带电检测技术标准化由颜湘莲组织编写；第5章带电检测人员培训评价由马梦朝组织编写；第6章带电检测典型案例由何文林组织编写；第7章带电检测技术发展前景由马梦朝组织编写。全书由山东大学黄金鑫老师组织统稿。

限于编者的认知水平，书中难免有疏漏和偏颇之处，诚恳希望广大读者提出修改、调整、补充意见，使其更加完善。

编　者

2021 年 12 月

目　录

前言

第 1 章 带电检测技术应用现状

电力设备检修经历了从非计划检修、计划检修到状态检修近半个世纪的演变，现在又发展出了带电检测技术作为电力设备状态检测的重要技术手段，可以有效检测和预警设备运行状态。带电检测技术主要包括局部放电检测技术、光学成像检测技术、油/气化学检测技术、电流类带电检测技术和振动声学检测技术等手段，各项技术已经日趋臻美，并已广泛应用在电力设备状态检测中，保障了电网的安全、稳定、可靠运行。

1.1 带电检测技术发展历程

随着我国新时代社会主义现代化建设深入推进，经济发展进入新旧动能转换期，供给侧结构性改革步伐加快，"四个革命、一个合作"能源战略深入实施，能源发展由传统能源向新能源转变，电力体制改革不断深化，对保障能源电力供应、发展高质量电力提出了更高要求。

电力设备检修是保障电力企业正常运营的重要环节，是电力生产管理工作的重要组成部分，在提高设备健康水平和保证电力安全方面发挥了重要作用。20 世纪 60 年代以前，电力设备检修机制主要采用异常或故障后检修方式。即当设备性能降低到注意值以下或发生故障时所进行的非计划性检修，称为事后检修。这种检修方式简单方便，可以充分利用设备零部件或系统部件的寿命，在检修任务量不大的电力发展初期，在维护电力安全运行方面起到了积极作用。随着电力行业的发展，对发、输、变、配等多个电力环节的稳定性提出了更高要求，检修方式也随之向计划检修过渡。

从 20 世纪 70 年代开始，电力企业开始发展预防性定期检修。这是一种以时间为基准的检修方式，也称计划检修，它是根据设备故障的统计规律或经验，事先确定检修类别、检修周期、检修工作内容、检修备件及材料等的检修方式。

定期检修适合于已知损坏规律或难以随时停电检修的设备。

从20世纪90年代开始，从预防性定期检修发展而来的更高层次的检修体制，即状态检修，它是一种以设备状态为基础、以预测设备状态发展趋势为依据的检修方式。它根据对设备的日常检查、定期重点检查、在线状态监测和故障诊断所提供的信息，经过分析处理，判断设备的健康状况和性能劣化状况及其发展趋势，并在设备故障发生前或性能降低到不允许极限前有计划地安排检修。

自2007年以来，电力企业全面推进和深化电力设备状态检修管理，建立了以状态检修技术标准、管理标准和工作标准为基础，以设备运行状态管理为核心，以专家队伍建设、检测装备和信息化平台开发为保障的状态检修工作体系，基本实现了从"到期必修"到"应修必修、修必修好"的转变。国家电网公司结合各地工作经验，经过近些年的编制工作，共形成了《国家电网公司设备状态检修管理规定》《输变电设备状态检修绩效评估标准》《输变电设备全寿命管理指导性意见》《输变电设备在线监测系统管理规范》等管理体系文件，以及《国家电网公司输变电设备状态检修试验规程》《输变电设备状态检修导则》《输变电设备风险评价导则》《输变电设备状态检修辅助决策系统技术导则》《输变电设备在线监测系统技术导则》《各类设备检修工艺导则》等技术文件体系。这些文件的制定为开展状态检修提供了指导意见和技术标准，为实际工作的开展提供了强有力的支持。

电力设备状态检测是开展状态检修工作的基础。通过持续、规范的设备跟踪管理，对各种离线、在线监测数据进行综合分析，准确掌握设备实际运行状态，并制定科学合理的设备检修策略，为进一步做好状态检修工作提供依据。因此，积极开展电力设备状态检测新技术、新方法和新手段的研究和应用，在超前发现设备隐患、降低事故损失、提高工作效率、降低供电风险等方面具有重要意义。

带电检测技术是电力设备状态检测重要技术手段之一。它采用便携式检测设备，在运行状态下，对设备状态量进行现场检测，其检测方式为带电短时间内检测，能灵活、及时、准确地掌握设备状态，具有投资小、见效快的特点，可以在全国电力行业内普遍配置。

2000年年初，国内开始引入带电检测技术。2006年起，通过与新加坡新能源电网公司进行同业对标，以国网北京、国网上海、国网天津电力公司为代表的一批国内电网公司率先引进带电检测技术，开展现场检测应用，并发现多起设备异常案例。2008年，带电检测技术在北京奥运会保电工作中发挥了显著作用；2014年，国家电网公司组织进行的带电检测仪器的性能检测，在规范和引导国内带电检测仪器的研发和制造技术方面发挥了很好的促进作用；为进一步推进带电检测技术的广泛应用，国家电网公司于 2015 年、2016 年，连续两年举办了两届为期半年的带电检测技能竞赛活动。国家电网公司不断深化电网设备状态检修工作以来，各省公司都加大了带电检测设备的配置力度，现在已经实现一线检测班组至少配置一套。带电检测技术可以超前防范事故隐患、降低事故损失、提高工作效率，适合当前我国电力生产管理模式和经营模式，在电力设备状态检修模式中的重要性日趋显著。

1.2 国内外带电检测技术研究现状

电力设备在故障发生前，通常伴有"声、光、电、磁、热、化学"等多种故障特征信息，针对这些不同的故障信息，带电检测技术衍生出局部放电检测技术、光学成像检测技术、油/气化学检测技术、电流类带电检测技术、振动声学检测技术等检测技术手段，这些检测技术目前发展较为成熟，得到了广泛应用，发现和消除了一大批设备缺陷和隐患，有效避免了设备故障甚至由此引发的电网事故，成为电力设备安全、电网稳定运行的重要保障。

带电检测技术作为一种优势突出的电气设备检测方法，一直以来都是国内外高校、研究院、设备制造厂家及设备应用单位的关注热点。对于设备内部存在的潜伏性隐患，特别是在其发展状态动态演化过程缺乏表达的工况下，利用带电检测技术进行诊断更加灵敏、准确和高效。结合当前检测理论和软硬件研究水平及生产现场检修实践需求，国内外主要开展了局部放电检测技术、光学成像检测技术、油/气化学检测技术、电流类带电检测技术、振动声学检测技术等检测技术研究。

1.2.1 局部放电检测技术

1.2.1.1 高频局部放电检测技术

高频局部放电检测技术是用于电力设备局部放电缺陷检测与定位的常用测量方法之一，其检测频率范围通常为 3～30MHz，可广泛应用于高压电力电缆及其附件、变压器、电抗器、旋转电机等电力设备的局放检测。

高频局部放电检测所用传感器类型主要分为电容型传感器和电感型传感器。电感型传感器中的高频电流传感器（HFCT）具有便携性强、安装方便、现场抗干扰能力较好等优点，因此应用最为广泛。其工作方式为对流经电力设备的接地线、中性点接线以及电缆本体中放电脉冲电流信号进行检测。

高频电流传感器多采用罗格夫斯基线圈结构，罗格夫斯基线圈（简称罗氏线圈）应用于电流检测领域已有几十年历史。罗氏线圈自公布起就受到了很多学者的重视，1963 年英国伦敦的库伯在理论上对罗氏线圈的高频响应进行了分析，奠定了罗氏线圈在高频电流脉冲技术检测应用的理论基础。20 世纪中后期以来，国外一些专家学者和公司纷纷对罗氏线圈在电力上的应用进行了大量的研究，并取得了显著的成果，如 20 世纪 70 年代法国 ALSTHOM 公司有一些基于罗氏线圈的电流传感器产品问世，这家公司主要研究无源电子式传感器；20 世纪 80 年代英国 Rocoil 公司实现了罗氏线圈系列化和产业化；20 世纪 90 年代英国国立电力公司（CEGB）开始使用罗氏线圈进行测试发电机和电动机的局部缺陷检测。总之，世界范围内对于基于罗氏线圈传感器的高频局部放电检测技术研究于 20 世纪 60 年代兴起，在 80 年代取得突破性进展，并有多种样机挂网试运行，90 年代开始进入实用化阶段，尤其是进入 21 世纪以来，微处理机和数字处理器技术的成熟为研制新型的高频电流传感器奠定了基础。欧洲学者和企业将罗氏线圈应用于电力设备局部放电检测较早，取得了良好效果并得到了广泛应用，例如意大利博洛尼亚大学的 G. C. Montanari 和 A. Cavallini 等人及TECHNIMP 公司成功研制了高频局部放电检测仪并被广泛应用。

近几年国内的一些科研院所和企业也开始研制基于罗氏线圈的传感器及高频局部放电检测仪器。1996 年，吴广宁等人对该传感器做出改进，设计出用于大型电机局部放电在线监测用的宽频电流传感器，并获得实用新型专利（ZL97242089.4）。该传感器在我国陕西秦岭发电厂、兰州西固热电厂已有应用。清华大学朱德恒等人将此传感器用于大型汽轮发电机—变压器组的局部放电在线监测，并在元宝山发电厂投入试运行而且取得一定效果。虽然起步较晚，但随着发展罗氏线圈电子式传感器的时机逐渐成熟，国内也对高频局部放电检测技术进行了深入的研究和探索，并取得了大量成果。

1.2.1.2 特高频（UHF）局部放电检测技术

20 世纪 80 年代，英国学者发现当局部放电在组合电器（GIS）内发生时，放电位置通常会发出 ns 级的电流脉冲，同时激发辐射出 300MHz～3GHz 的电磁波信号。到了 20 世纪 90 年代，这些发现分别被理论和实践一一验证。特高频法可以利用传感装置收集设备内部发生放电时产生的特高频频率范围的电磁信号，然后通过对信号进行分析，来判断设备内部到底发生何种局部放电，放电位置在哪里以及其他有用的信息，这些信息都为判断设备内部绝缘状况提供了有力的数据支撑。

英国斯特克莱德大学的 Hampton 和 Pearson 于 20 世纪 80 年代初就从事420kV 局部放电特高频监测系统的研究，将特高频传感器内置于 GIS 内部，整套系统有较高的灵敏度，也有利于抗外部干扰。他们曾在苏格兰南部的 Torness变电站内安装 7 个三相传感器的特高频监测系统，传感器所用带宽为 300～

1500MHz。他们曾利用频谱分析仪的"point - on - wave"模式，在一个工频周期内对自由微粒、固定尖刺、绝缘子表面的污秽和悬浮电极进行缺陷的类型识别。

在 20 世纪 90 年代，Judd 利用高采样率的数字设备重新对 GIS 内部的放电信号进行研究，发现实际放电脉冲宽度要远比人们当初测量到的窄，半峰宽小于 70ps，上升时间小于 50ps，而不是原先认为的 1ns，这就意味着局部放电测量带宽的上限可超过 5GHz。因此，Judd 将最初的圆盘天线改换为螺旋天线，频带上限也相应的提高，测量的灵敏度也得到了提高。Judd 还曾利用介质窗来增加天线接收特高频信号的灵敏度，他将天线安装在玻璃介质窗的后面，而不是像以往那样将传感器内置于手孔之中、高压导体之上。这样做的结果可降低由传感器破坏内部绝缘性能的风险，也保证了设备整体的密封性能。还对内放电进行了机理研究，并考虑了放电源的位置、尺寸和脉冲形状等因素对特高频信号的影响，认为在 UHF 频段范围内的能量远大于 VHF 范围内的能量，而横向电磁波的能量主要集中在 VHF 范围内，横电波（TE）、横磁波（TM）的能量主要集中在 UHF 范围内，因此，GIS 腔体内部主要存在着横电波和横磁波。

德国 Stuttgart 大学的研究人员曾同时应用 IEC 60270 方法、超声波方法和特高频方法，对 550kV GIS 模型内部的尖刺缺陷放电进行检测，然后对比不同方法的灵敏度和抗干扰特性，试验发现应用 IEC 60270 方法的灵敏度最高，检测到的最小视在放电量为 0.1pC，但是对试验环境和试验电源需要完全进行电磁屏蔽。超声波和特高频法的结果相近，但是超声波方法容易受到现场噪声的干扰。他们所用特高频传感器的带宽为 300～3000MHz，天线类型有锥形天线、鞭形天线和圆板天线，并专门通过试验对天线进行优化设计。同时，他们也研究了特高频信号在 GIS 腔体内的衰减情况，试验表明，信号通过绝缘子之后衰减约为 2～3.5dB，T 接头处衰减约为 10dB，在 GIS 母线腔内，传感器可测量到距离 10m 处的视在放电量 10pC 放电源。

西安交通大学的邱毓昌、王建生、张超鸣等人对放电脉冲产生的电磁波在 GIS 同轴腔体的传播特性进行了理论分析和测量，他们认为电磁波成分中的 TEM 波为非色散波，在 GIS 内部传播时，一旦频率高于 1000MHz 之后，沿传播方向衰减很快；TE 波、TM 波具有各自的截止频率，只有当其频率成分高于截止频率时，才能在 GIS 腔体内传播，并且信号能量衰减很小。因此，他们认为在 GIS 内部的电磁波中 TE 波和 TM 波占主要成分。并且通过试验发现 SF_6 内部放电的频率成分多在 1GHz 内，据此对内置天线进行了优化设计，在实验室内可以测量到 1pC 的放电量。

清华大学的刘卫东等人利用外置传感器在多家 GIS 厂家和 40 多个变电站进行实地测量，曾观察到 8 起放电，传感器所用的天线为拉杆天线。曾针对存在于 GIS 设备内部的金属颗粒进行研究，结果表明，视在放电量的大小与颗粒大小有关，颗粒越大，放电量也随之增大。并且他们曾在实验室内尝试利用视在放电量结合特高频信号联合标定 GIS 模型的局部放电，认为不同放电类型有其不同的放电线性关系曲线，可粗略地进行视在放电量的标定工作。

重庆大学的孙才新、唐炬等人曾对多种内置传感器的模型及其性能做了研究，其中包括圆板形和圆环形传感器，采用电容耦合和天线模型研究了传感器的特性，并在实验室对 GIS 局部放电进行实际测量，发现圆环形传感器灵敏度高于圆板形传感器。当局部放电信号频率在 UHF 以下时，采用电容耦合模型研究表明，传感器能够准确反映方波信号的下降沿而不失真；信号频率在 UHF 以上时，采用天线模型研究表明，两种传感器的频率响应近似上升直线。

1.2.1.3　超声波局部放电检测技术

超声波局部放电检测技术是指通过采集、处理和分析器件局部放电时产生的超声波信号，作为判断器件工作状态主要依据的一种检测技术，常用于路基状态检测、钢板检测、铸件检测等。在 20 世纪 40 年代，超声波局部放电检测技术首次在电力设备的局部放电检测中得到应用，却因其自身的灵敏度较低、易受干扰等缺点在应用方面受到了很大局限。

20 世纪 80 年代以来，超声波局部放电检测技术的灵敏度与抗干扰能力得以改善，逐渐应用于电力设备的局部放电检测中，如挪威的 L. E. Lundgaard 在 1992 年将超声波局部放电检测技术应用在变压器的局部放电检测中；美国西屋电气公司的 RonHarrold 将超声波局部放电检测技术应用于大电容设备中，重点研究了幅值与脉冲电流放电量之间的关系；21 世纪以来，澳大利亚、法国、德国、韩国等多国研究机构先后对超声波局部放电检测技术展开深入研究，并取得了长足进步。

国内很多高校及研究机构在对超声波局部放电检测技术的研究中也取得了许多优异成绩。华北电力大学的刘山基于对 GIS 设备内局部放电机理的研究，建立了一套模拟局部放电过程的实验室平台，可以提取超声波局部放电信号的特征参数，通过总结分析得出四类典型缺陷的图谱特征，并通过工程案例验证其准确性，为电力生产实践中局部放电缺陷的判断提供了依据。申强等人将超声波局部放电检测技术应用到 500kV 变电站内 GIS 盆式绝缘子颗粒缺陷的诊断中，根据对电力设备内部发生局部放电时颗粒震动产生的信号进行分析判断，在对异常信号初步定位后，对设备进行解体检查，结果证明此种方法对于颗粒缺陷诊断非常有效，同时还总结出颗粒缺陷诊断的相关流程，为检测生产工作提供借鉴经验。王立兵提出一种新型的 GIS 局部放电检测系统，采用声电联合法对变电站的 GIS 设备内部缺陷进行检测定位，有效地完成检测工作，及时排除隐患。通过声电联合法进行局部放电定位已然成为当今发展的新趋势并已经在现场工作中得到广泛应用，此种方法主要是将超声波与特高频法联合起来进行检测研究。

1.2.1.4　暂态地电压局部放电检测

1974 年，暂态地电压局部放电检测技术在英国诞生。英国的科学家 JohnReeves 发现，当局部放电源产生的电磁波传播到金属开关柜的外壁时会产生一个暂态对地电压，JohnReeves 将容性传感器置于开关柜金属外壁后耦合到该电压信号，并将该信号命名为地电波，英文简写 TEV（transient earth voltage）。1983 年，英国电力研究协会（ECRC）通过深入研究，研发出暂态地电压局部放电检测技术，将其用于开关柜的局部放电测量。1990 年，英国电力研究协会改革为 EA Technology，并与英国电力消费协会合作开发一个大型数据库以进行地电波数据的分析工作。该数据库将开关柜的离线局部放电测试数据（以 pC 为单位）与地电波检测结果（以 dB 为单位）进行比较。EA Technology 在分析数据库的规律基础上，成功研发出基于地电波原理的开关柜局部放电检测产品。

国内许多机构也对地电波检测技术展开研究。重庆大学的电力设备研究所用软件 XFDTD 对地电波的幅值与放电源的强弱的关系进行仿真，并研究出两者的联系。北京市高电压与电磁兼容重点实验室也开展了一些地电波传感器研究工作，该单位用标准信号发生器向 GIS 的导电杆与外壳之间注入标准的正统波，观察将 TEV 传感器放置在 GIS 外壳不同点时，检测幅值与正弦波之间的关系。

1.2.2　光学成像检测技术

1.2.2.1　红外热像检测技术

红外热像检测技术是由红外探测技术、红外诊断仪器和微型计算机相结合而发展出来的。在国外，1949 年 Leslie 等人首次提出利用红外技术探测高压输电线路过热接头的思想，并描述了利用电阻测辐射热计制成的红外辐射计探测过热接头的具体方法。1952 年 Sandiford 提出，利用光线通过有故障接头上方的受热空气产生无规则折射的方法，发现超过环境温度 50℃的热接头。1965 年开始应用较先进的红外辐射热像仪测量工业及输热管道温度，检测电动机、变压器和电缆等设备过热接头，正式开辟了应用红外热像仪器检测电力设备热故障的新领域，并在此基础上不断改进与完善红外检测仪器，扩大使用范围，逐步提高在实际中的使用效果。

随着红外行扫描器和军用光机扫描式红外前视系统的迅速发展与逐步完善，很快诞生了民用光机扫描式红外热成像仪。接着一些国家迅速把它应用于电力设备中众多裸露的电气接头及各种高压电气设备故障的检测和输热管道漏热检测。在我国，电力设备故障红外检测诊断的研究试验起步较晚，但近几年发展很快。早在 20 世纪 60 年代前半期，国内一些电力研究院就开展红外诊断研究，并进行了广泛的调查研究工作，直到 70 年代中期，才有了明显进展。这时使用的检测仪器以红外辐射热像仪为主，检测的对象以外部裸露的电气接头过热故障为主进行了基础研究和可行性试验。1987—1991 年，引进了国外较先进的红外热像仪，对高压线路导线连接件及劣化线路绝缘子进行直升机红外航测试验研究，取得不少成功经验，同时国内专业红外科研单位也积极研制光机扫描红外热像仪。

自 20 世纪 90 年代以来，为了应用、推广和建立诊断标准，各级领导开始重视以行政手段推广红外诊断技术，各网省局普遍投资购置红外诊断仪器，并着手制订电力设备故障红外诊断的行业标准《带电设备红外诊断技术应用导则》（DL/T 664—2016），力图规范高压电气设备故障红外诊断中的检测方法与判断依据。虽然红外诊断技术在我国电力行业的发展取得了可喜的进步，但从设备诊断工程学的角度来看，当今的电力设备故障红外诊断技术水平还处于经验层次的初级阶段。因此，为了促进红外诊断新技术的迅速发展，今后主要以诊断标准化、智能化的方向进行研究。另外红外诊断技术在软件方面研究较少，没有软件来对电力设备诊断进行自动诊断检测，大多依靠人工手持红外热像仪来进行人工判断故障。

1.2.2.2 SF_6 气体泄漏红外热像检测技术

SF_6 气体泄漏作为气体绝缘金属封闭开关设备运行过程中的常见缺陷之一，不仅影响设备的绝缘强度，而且对大气环境产生较强的温室效应。此外，假如气体中含有电弧分解物，泄漏气体还将危害人身安全。因此，SF_6 气体泄漏检测工作非常重要。

SF_6 气体泄漏检测技术从 20 世纪 50 年代开始应用，早期新安装和大修后的设备检漏主要依靠真空监视和压力检查，运行设备通过压力表进行泄漏监测，受检测技术的限制，泄漏点的判断主要采用皂水查漏。20 世纪 70 年代，科研人员根据 SF_6 气体的负电性开发了卤素仪，如美国 TIF 公司、德国 DILO 公司、美国 CPS 公司、英国 ION 公司都有相应技术产品。20 世纪末期，SF_6 气体泄漏的定量检测成为趋势并颁布了 IEC 60480 和《SF_6 电气设备中气体管理和检测导则》（GB/T 8905—1996）。20 世纪 80 年代开始，各大设备厂家、科研单位投入到检测技术的研发当中，其中代表性检测技术为 20 世纪 80 年代美国 USON 公司开发的电子捕获型检测技术；20 世纪 90 年代初期日本三菱公司研发紫外电离型检测技术；20 世纪 90 年代末期英国 ION 公司研发负离子捕捉检测技术。

以上检测技术利用的都是 SF_6 气体的负电性，21 世纪初，随着人们对 SF_6 气体的化学、声学和光学性质的不断深入了解，新型检测技术不断发展，如红外光谱吸收技术、光声光谱技术和成像法。红外吸收技术和光声光谱技术利用了 SF_6 气体分子吸收红外线的特性，2004 年德国 GAS 公司推出基于红外吸收技术的 IRLEAKMETER 检漏仪，后续西班牙 Telstar、美国 BACHARACH、德国 WIKA 等公司也开发了相应产品；光声光谱技术作为一种纯物理的、非破坏性的检测技术，2006 年被丹麦 INNOVA 公司首先应用于 SF_6 气体检漏。近年来，成像技术已逐渐成为检漏技术的发展趋势，其中以美国 FL1R 公司、美国 GIT 公司的红外成像检漏技术和红相电力设备集团有限公司的激光成像检漏技术为主。

早期对于 SF_6 气体的检漏主要采用皂水查漏、包扎法、手持检漏仪等检测方法，但早期的方法在应用时设备都需要停电进行，不属于带电检测的范畴。从 20 世纪 90 年代末期至今，带电检漏仪器逐渐发展主要有以下几种：紫外线电离型、高频振荡无极电离型、电子捕获型、负电晕放电型等。但在实际使用中仍有不足，如泄漏部位定位性能差、检测误差随环境变化大、很难做到精确定位和定量检测等。近几年，利用 SF_6 气体红外特性发展的红外成像检漏技术，在检测 SF_6 气体泄漏方面实现了重大突破，在相对较远距离就能发现泄漏的具体部位，精度高，检测结果非常直观，极大提高了检测效率同时也保证的工作人员的安全。

1.2.2.3　X 射线检测技术

X 射线检测技术是利用射线对感光材料的感光作用，用胶片记录、显示检测结果的方法，射线成像检测是利用射线与物质相互作用的光、电效应将穿透被检测工件的射线转换为光、电信号并予以显示的方法。1895 年，德国物理学家威廉·伦琴发现了 X 射线，X 射线的发现为诸多科学领域提供了一种行之有效的研究手段。这种"新光线"开始被应用于医学领域，检查骨折和确定枪伤中子弹的位置，但该新技术的理论很快被应用到无损检测领域。例如，早期锌板的 X 射线检测说明了焊接质量控制的可能性。20 世纪初期，X 射线被应用于锅炉、压力容器的检测，现在 X 射线无损检测是一种常规的无损检测方法，是指对材料或部件进行检测以获得相关内部结构、有无缺陷、缺陷的性质、形状、大小、位置及分布等信息，而对被检测材料不造成任何损伤，它广泛应用于工业生产过程中产品的生产、制造及服役期的检验，横跨产品的整个生命周期。

自从 20 世纪 80 年代引入了计算机化的 X 射线技术（CR），X 射线检测发生了巨大的变化，实现缺陷识别、存储以及依靠人为对图像或胶片的解释。CR 提供了有益的计算机辅助和图像辨别、存储和数字化传输，剔除了胶片的处理过程，节省了由此产生的费用。

在 20 世纪 90 年代后期，数字平板产生了，引入数字化 X 射线照相检测技术（DR）。该技术与胶片或 CR 的处理过程不同，采用 X 射线图像数字读出技术，实时成像，真正实现了 X 射线无损检测自动化。

1.2.2.4　紫外成像检测技术

紫外成像检测技术从 20 世纪 80 年代末开始进入实质性的研究及应用，但最初主要应用在军事领域。20 世纪 90 年代末期，紫外成像检测技术逐渐在电力领域中得到应用。由于科技水平的限制，早期的紫外成像设备无法屏蔽来自太阳辐射的紫外信号干扰，因此无法在日间进行紫外检测，如俄罗斯研制的非林-6 型紫外成像仪在不加装滤光片时其检测波长范围为 240～800nm，装有滤光片的情况下检测波长范围为 300～400nm，波段内都不同程度地包括太阳辐射的紫外光。1999 年，以色列的 OFIL 公司联合美国电力研究机构研制出了全日盲型紫外电晕检测仪器，即 Daycorl 型紫外成像仪，解决了此前紫外成像检测设备无法在日间使用的缺点，促进了紫外成像检测技术的发展与广泛使用。随后，南非 CSIR 公司研制出了 CoroCAM 系列日盲型紫外成像仪并投入市场。目前，Daycorl 系列与 CoroCAM 系列紫外成像仪是应用最为广泛的两款紫外成像设备。美国电力研究院（EPRI）制定的《架空输电线路电晕和电弧检测导则》与《变电站电晕和电弧检测指南》对紫外成像检测技术及其应用进行了全面的介绍与总结，是世界上最具权威性的紫外成像检测导引。

近年来，紫外成像技术在国内的电力领域也得到了较为广泛的应用与研究。华北电力大学的王胜辉、律方成等以棒-板间隙模型、复合绝缘子的沿面放电模型以及复合绝缘子的真实缺陷模型作为研究对象，分析获得了光子数随距离、增益、放电强度的变化关系曲线并进行了拟合分析，其后又提出采用"光斑面积"来衡量放电强度的方法，并给出了相应图像参数的量化提取方式。武汉大学的马斌等同样采用棒-板模型作为电晕放电的实验模型，结合 CoroCAM 型紫外成像仪与 Labview 软件进行了系统的实验与仿真分析，提出了采用"紫外成像面积百分比"对电晕放电强度进行量化，并提出电晕放电紫外成像检测法的应用判据。清华大学的王黎明、万树伟等通过棒-板中负直流电晕放电对 Triche 脉冲频率、电晕电流以及光子数进行测量，研究了这些参量间的相互关系，为紫外成像仪在电晕缺陷检测方面奠定基础。重庆大学的汪金刚等提出了一种基于紫外成像的开关柜电弧在线检测装置，能够实现对电弧的准确识别，并进行了系统的软件程序设计，能够有效避免由电弧引起的开关柜事故。同济大学的艾建勇、金立军等将紫外成像技术应用于高速铁路接触网的棒瓷绝缘子污秽状态检测中，得出了湿度和污秽等级对棒瓷绝缘子放电的影响规律，并以此作为污秽状态评估的依据，构建了基于紫外视频图像的外绝缘污秽状态检测系统。深圳供电局有限公司的张宏钊提出了一种图像重叠法并将其应用于紫外检测图像分析，并设计了均压环缺陷放电实验，验证了改进后的紫外图像处理方法可以有效地处理光斑区域不够明显的紫外图像。广东电力科学研究院的彭向阳等以无人机搭载紫外相机，从而拍摄紫外影像进行图像分析，通过放电辐射光谱及图像形态特征分析实现放电位置的自动检测与定位，提出利用最大类间方差法和区域生长法实现图像帧的预处理，利用无人机定位系统的位置信息与同步的时间信息实现线路卜绝缘子的精准定位，根据相关特征量对绝缘子放电是否异常做出评估，为紫外成像检测技术在变电运检领域的应用提供了一个新的思路。

1.2.3　油/气化学检测技术

1.2.3.1　油中溶解气体的分析

国外先后使用分光计、气体分离分析器等来分析油中溶解的气体，但这类方法分析时间长，操作不易。20 世纪 60 年代，美国开始使用可燃气体总量检测装置来测定变压器储油柜油面上的气体，但此装置只能测定。针对此局限性，欧美各国相继使用质谱仪对变压器内游离气体进行组分分析。尽管质谱仪对低分子烃类、H_2、CO_2 和 CO 等的分析获得了较好的效果，但其价格昂贵，操作复杂。根据 A. J. P. Martin 和 R. L. M. Synge 的研究，A. T. James 和 Martin 在 1952 年开发了气、液色谱法，此项研究后来获得了诺贝尔奖。自此，色谱法已发展到能够分离混合气体的阶段。随后，日美等国研究使用气相色谱仪来分析气体，并在分析油面游离气体的同时，利用设备内部潜伏性故障阶段分解的气体大部分溶于油中的原理同样分析油中溶解气体，以便发现设备内部的早期故障。在气相色谱仪的研究中，先后采用了热导池检测器、氢火焰离子化检测器、催化燃烧型检测器等。

近年来，光谱技术得到了迅猛发展，产生了基于红外光谱和光声光谱原理的变压器油中溶解气体检测技术。傅里叶红外线光谱检测器是根据光的干涉原理设计的，主要由探测器、气体池、光源、动镜、静镜、分束器以及数据采集处理系统等构成。待测气体置于迈氏干涉电路中，随着动镜的移动，干涉光的光程差发生变化，探测器上将记录不断变化的干涉波信号。通过计算机对此干涉波信号的强度采用傅里叶变换、除法和对数等运算后将得到样品的吸收光谱并生成红外光谱图。据此光谱图，可判断样品气体的成分和含量。该检测器的优点是测量气体的种类多、测定光谱的范围宽、测量的灵敏度和可靠性高、响应速度快、寿命长，可连续分析并自动控制，缺点是仪器的造价非常高，这也制约了该器件在变压器方面的推广应用。

国内在 20 世纪 70 年代初开始研究和应用气相色谱分析技术检测变压器潜伏性故障，取得了很大的成绩，从 20 世纪 90 年代初开始研制在线色谱检测装置，经过多年的探索与实践，已逐步走向应用化阶段。由东北电力科学研究院等单位研制成功并已投入运行的"大型变压器色谱在线监测装置"，能够在线监测变压器油中 CH_4、C_2H_6、C_2H_4 和 C_2H_2 等可燃性气体的含量及总烃值，对于突发性故障有一定的预警作用。DDG-1000 变压器油中溶解氢气在线监测仪是中国电力科学研究院研制的产品，采用特制的聚芳杂环高分子膜透氢和载体催化敏感元件作为检测器，使氢分子透过该膜直接从油中分离出来，为避免漂移，以峰尾线基线作为基准，在线测量油中溶解的氢气，最小检测浓度可达 $1\mu L/L$。近几年来，重庆大学高电压与电工新技术教育部重点实验室在大量研究的基础上研制成功了 SPJC 在线色谱监测系统。系统采用特制高分子膜实现油气自动分离，渗透平衡时间为 $2\sim3d$，采用极高分辨率的气体传感器，可同时检测运行变压器油中 H_2、CO、CH_4、C_2H_6、C_2H_4 和 C_2H_2 六种溶解气体，C_2H_2 的检测范围是 $1\sim5000\mu L/L$，其余 5 种气体的检测范围为 $10\sim5000\mu L/L$。上海交大研制的监测系统的油气分离单元采用了带微孔的聚四氟乙烯薄膜，采用双色谱柱，一个用来分离 H_2、CO、CH_4 三种气体，另一个用来分离 C_2H_6、C_2H_4 和 C_2H_2。其气体检测器采用其自行研制的热线性传感器能长期保持高灵敏度和稳定性。同时，国内也将最新的检测技术运用于油中溶解气体的在线监测中，宁波理工监测设备有限公司成立博士后科研工作站，专门研究油中溶解气体在线监测仪，推出的 MGA2000-FTIR 型变压器色谱监测的关键技术在于使用傅里叶红外光谱实现混合气体的同时测量，不需要配备消耗性气体，可以快速地连续自动跟踪测量，从原理上讲可以免维护，因而实现对在线油中溶解气体的分析最有利。

1.2.3.2 SF_6 气体检测技术

1900 年，SF_6 由两名法国化学家人工合成；1937 年，法国科学家基于 SF_6 独特的绝缘性能、高效的灭弧性能及稳定的化学性质，首次提出可将其用于电气设备的绝缘；从 20 世纪 60 年代开始，随着的组合电器的大规模发展，SF_6 在电力行业开始迎来大规模应用时期。之后，尤其从 20 世纪 80 年代开始，针对电力设备内 SF_6 在放电条件下的分解途径及气体的管理逐步引起人们的重视。

20 世纪 80 年代末，美国 OakRidge 国家实验室从氧气对 SF_6 局部放电分解产物的影响角度做了尝试性研究，并提出氧气的增加将使 SOF_4 和 SO_2F_2 含量增加。法国 PaulSabatier 大学则研究了水和固体绝缘介质对 SF_6 局部放电分解产物的影响，认为在水分存在时只有 SOF_2 和 SO_2F_2 是稳定的，当放电涉及固体

绝缘时会产生 CF_4。国内邱毓昌等学者对 SF_6 放电分解产物做了初步定性，通过设计 SF_6 放电分解装置并采用气相色谱法检测了分解产物，发现了 SO_2 和 SOF_2。该阶段的研究均属探索性质，系统性严重不足。

90 年代后，美国国家标准局才开始通过针板模型试验对 SOF_2 等的分解机理进行比较系统的研究。随着检测手段的逐渐进步，国内外大量学者开始尝试通过模拟试验找出 SF_6 分解气体与电气设备绝缘状况之间的关联，但研究的思路基本延续着利用模拟试验检测出现的气体产物，再根据结果推断分解途径的方式，至今未取得明显的突破性进展。如国内有学者利用建立的 SF_6 绝缘气体局部放电分解试验平台对多种类型的绝缘缺陷进行了局部放电模拟试验，发现在不同类型绝缘缺陷下 SF_6 的分解特性存在明显差异，得到了 4 种缺陷类型与分解气体关联的编码组合，但研究未能揭示潜在故障的严重程度以及全部放电形式与气体分解物组分的对应关系；试验电压与运行的组合电器有所差距，缺乏和实际组合电器数据的比对；且 SF_6 分解机理仍沿用前人依据试验结果所作的推断，对不同缺陷与 SF_6 分解产物之间的关系不能做出机理解释，研究结论的有效性不足。

2006—2007 年，国家电网公司由中国电科院等单位顺利完成"SF_6 设备状态与气体成分关系的研究"研究项目，并取得相应成果，该研究表明：通过石墨喷嘴设备和 Teflon 喷嘴设备的比较研究发现 CF_4 含量的增加程度会对设备的正常运行和使用产生影响。

武汉大学系统集成与故障诊断实验室采用红外光谱法分析 GIS 设备内 SF_6 气体及衍生物研究，提出 CF_4 含量变化可以作为一个指标用于对 SF_6 气体绝缘性能进行评价，具体评价标准为，如果检测发现 CF_4 含量变化出现显著上升，那么可以判断为设备具有绝缘缺陷故障。

1.2.4 电流类带电检测技术

1.2.4.1 容性设备相对介质损耗因数和电容量比值检测技术

相对介质损耗因数和电容量比值检测是从设备绝缘停电介质损耗因数和电容量测量方法演变而来。介质损耗因数和电容量能够较好地反映容性设备绝缘大部分受潮、整体绝缘缺陷等缺陷，因此对这两个参数的测量受到广泛的运用，但是介质损耗因数和电容量比值的检测需要将设备停电并施加一定得测量电压才能进行，因此要受到设备停电周期的限制。而相对介质损耗因数和电容量比值检测则是在设备正常运行条件下开展的不受设备停电的限制，可以在设备运行时随时开展。

早期开展的介质损耗因数和电容量带电测试采用的是绝对法测量，即从该

13

电气设备上母线电压互感器二次端子获取电压信号，同时从被试设备末屏接地线或者末端接地线上获取电流信号，经过计算得到该设备的介质损耗因数和电容量的绝对值，但是绝对法测量受电压互感器角差及二次负荷的影响，导致测试结果准确度较差，实际应用受到很大的限制，该测量方法基本被淘汰。

随后，提出了相对介质损耗因数及电容量比值的带电测试法，称为相对测量法，即选择一台与被试设备并联的其他电容型设备作为参考设备，同时从两台设备末屏接地线或者末端接地线上获取电流信号，通过分析两个电流信号的角差及幅值比，从而得到相对介质损耗因数及电容量比值。由于结果为两台设备的电流信号的角差值及幅值比值，因此作用在设备上的干扰因数同时被排除掉，测试结果准确度较高，同时也不受绝对测量法中互感器角差及二次负荷的影响，是目前广泛使用的一种测量方法。

1.2.4.2 接地电流检测技术

变压器铁芯是变压器内部传递、变换电磁能量的主要部件，正常运行的变压器铁芯必须单点接地。对变压器的故障统计分析表明，铁芯故障在变压器总故障中已占到了第三位，其中大部分由铁芯多点接地引起。当铁芯两点或多点接地时，在铁芯内部会感应出环流，该电流可达几十甚至上百安培，会引起铁芯局部过热。严重时会造成铁芯局部烧损，还可能使接地片熔断，导致铁芯电位悬浮，产生放电性故障，严重威胁变压器的可靠运行。目前对于运行中变压器铁芯多点接地故障的预防主要是通过对铁芯接地电流的定期检测进行，变压器铁芯接地电流的检测对变压器的安全运行具有非常重要的意义。

目前，电力运行单位对于变压器铁芯接地电流检测和监测的管理中，大多采取手持式钳型电流表进行检测以及加装铁芯接地电流在线检测装置等方法，这些检测方法可以及时、便捷和较为准确地检测出变压器铁芯的接地电流。除此之外，一些专用的铁芯接地电流检测仪器和装置也得到了越来越多的推广和应用。对运行中的变压器进行铁芯接地电流的检测和监测能够及时发现铁芯多点接地引起的接地电流变化，是防范铁芯多点接地故障的最直接、最有效的方法。

1.2.4.3 避雷器泄漏电流检测技术

20世纪80年代的德国、日本、挪威等国家的学者率先开展了对金属氧化物避雷器的泄漏电流带电检测技术的研究。日本学者对泄漏电流带电检测的补偿法进行了深入研究，并根据相关原理生产出 LCD-4 避雷器带电检测装置，挪威 NationalGril 公司对阻性电流三次谐波法进行了相关研究，生产出 LCM 泄漏电流测试仪，并在现场进行了相关试验。

2013 年，华北电力大学的学者提出了一种电流正交方法，它利用避雷器的阻性电流和容性电流正交的特性来提取避雷器的阻性电流，但是其工作原理过于依赖避雷器的简化模型，这样的正交特性并不总是正确。2016 年，西安交通大学的学者提出了一种时域电流分解方法，该法基于多线性回归来提取阻性电流，但是这样的矩阵运算往往不适合在嵌入式系统中实现。比较常用的直接方法是谐波分析法，它能够获得高精度的阻性电流分析结果，但是往往需要实现高精度的电压和电流相位差测量。

1.2.4.4 电缆环流检测技术

有多位学者对电缆环流检测技术进行了研究，如陈创庭、张国胜等人通过电流互感器测量护层环流并采集环流信息，根据护层环流值来判断护层绝缘是否存在故障。

在护层单点接地系统中，电缆环流检测技术对电缆护层绝缘的在线监测不要求计算得到精确的环流值，当护层环流异常增大即可判断为金属护层多点接地。金属护层在多点接地时有很大的环流，故电流互感器可以用于测量护层环流，采用外围电路放大，进行 A/D 转换和微机通信等对信号进行处理，将金属护层环流数据与整个电力设备的在线监测系统相连接，从而实现电力系统绝缘状态的自动化监测。

张峥、赵子玉等人通过环流法计算了三相电缆金属护层正常接地、多点接地两种情况下的环流。并且，模拟搭建了小型电力电缆交叉互联运行系统，通过在该系统上进行实验来完成对护层上的感应电压、环流和电容电流等研究。研究结果表明，可以通过监测主段中间接头护层感应电压来诊断电缆护层多点接地故障，通过监测主段两边护层环流之和来诊断接头和本体主绝缘的整体性故障。

电缆护层交叉互联结构中，中间的交叉互联部分大多会采用同轴电缆用来连接电缆段和连接箱。同轴电缆安装方便并可以有效减少水分的侵入。袁燕岭、董杰等人提出了一套适用于电缆故障的诊断及定位标准，给出了交叉互联情况下不同故障工况的故障诊断依据。首先建立环流计算的理论模型，根据该模型分析了电缆典型故障。并根据对一条实际运行的 110kV 隧道电缆进行仿真计算，提出了适用于多种电缆故障的诊断标准。当护层接地系统中出现开路故障，故障回路中的护层环流由于没有电流通路而降低；当电缆交叉互联箱进水或电缆接头内环氧预制件发生击穿时，故障护层回路中护层环流增大，将高于正常运行环流值。根据不同故障类型得到的 6 个测量点处护层电流测量值与负荷电流的比值以及护层电流之间的比值来诊断电缆故障并定位。

朱晓玲等人提出了故障在线监测和诊断方法的新判据，在护层环流法的计算模型中考虑了泄漏电流的影响，建立了计算护层电流的交叉互联系统等效模型，然后对护层可能出现的 3 种典型故障进行了仿真。常见的护层绝缘故障主要有护层开路故障、连接箱进水导致短路故障和中间接头短接故障。由仿真结果可知，故障情况下电缆护层环流与其正常运行时对比有很大差异，且不同的典型护层故障下对比护层环流也存在差异。他们提出了对电缆的几种典型故障的进行诊断的护层环流阈值。Marzinotto M 和 Mazzanti G 提出护层环流可以用于护层故障诊断。有学者提出了交叉互联接地环流计算模型，讨论了影响护层环流的各种影响因素，提出优化的解决方案来有效降低环流的思路。

1.2.5 振动声学检测技术

目前国内外对变压器的振动测试与研究重点大致分为三个方面：①对变压器产生振动的机理进行研究，包括故障原因、故障发展和趋势预测等；②对变压器所产生振动信号的分析，包括谱分析和噪声分离技术等；③对振动分析监测系统的研制，包括测点布置、信号隔离和故障分析等。

振动声学检测技术与现有的变压器绕组变形测试技术相比，其最大的优点是通过贴在变压器油箱表面上的传感器来进行在线检测，与整个电力系统没有电气连接，对整个电力系统的正常运行无任何影响，可以安全、可靠地达到在线监测的目的。

国内外的研究结果表明，变压器（包括带有气隙的铁芯电抗器）本体振动的根源在于：①硅钢片的磁致伸缩引起的铁芯振动，所谓磁致伸缩就是铁芯励磁时，沿磁力线方向硅钢片的尺寸要增加，而垂直于磁力线方向硅钢片的尺寸要缩小，这种尺寸的变化称为磁致伸缩，磁致伸缩使得铁芯随着励磁频率的变化而周期性地振动；②硅钢片接缝处和叠片之间存在着因漏磁而产生的电磁吸引力，从而引起铁芯的振动；③当绕组中有负载电流通过时，负载电流产生的漏磁引起绕组、油箱壁（包括磁屏蔽等）的振动。

20 世纪 90 年代，通过监测变压器油箱表面振动信号来分析判断绕组及铁芯状况的设想被提出来。目前振动信号分析测量法在国际上仅俄罗斯刚刚进入现场试用，已在 60 多台大型电力变压器上使用。结果证实了这种方法可适用于各种类型的变压器，不论是自耦变压器还是三相变压器。用这种方法诊断的结果与 12 台变压器吊罩监测的结果完全一致，准确率高达 80%～90%。其不足之处在于：未对绕组、铁芯振动特性进行充分的研究，未考虑不同类型的变压器由于动力学特性不同导致的振动信号变化规律也不一致。

Berle 等人结合空载和负载振动信号来消除磁滞伸缩对绕组振动信号的干扰，以获取基于绕组压紧力的振动相关系数。Garcia、Burgos 等人研究了在传播路线上振动相位、幅值的变化情况，以及其与电流、电压、温度之间的数值关系。绕组的主要振动成分为 100Hz，绕组振动与电流的平方成正比，铁芯的振动与电压的平方成正比，同时由试验来确定电流平方和电压平方值的相关系数，如果绕组变形了，则相关系数将发生改变，并给出变形告警。

90年代初我国的一些高校和变压器厂才开始意识到变压器振动特性对变压器的重要意义，并开展了相应的研究工作，研究成果硕果累累，同时也制定了变压器振动方面的国家标准。中国电力科学研究院提出变压器绕组绝缘层的非线性特性对变压器振动信号具有影响，通过试验确定了电流平方和电压平方值的相关系数，试验表明当绕组变形时，相关系数也发生改变，并且系数的变化能够及时反映给系统，最终实现通过观察相关系数的变化诊断绕组形变的目标。但在研究过程中并没有将器身看作是一个整体来分析绕组的动力特性。上海交通大学利用理论与试验相结合的方法对干式变压器振动异常增大的原因进行了分析，在实验方面采用了变频扫描法和敲击法对变压器进行了振动的模态和频谱分析，为有限元的研究和分析提供了有力的实验依据。西南大学将电磁场理论与弹性力学理论相结合，以变压器单片硅钢片为研究对象，搭建了铁芯的振动模型。清华大学通过对 500kV 变压器进行直流偏磁实验得出变压器振动和噪声的信号随直流偏磁电流大小变化的结论，而且得出了变压器振动和噪声与负载大小之间的关系。

1.3 带电检测技术在电网中的应用现状

国外针对局部放电检测技术、光学成像检测技术、油/气化学检测技术、电流类带电检测技术、振动声学检测技术等技术手段，通过分析判断对问题缺陷提出处理建议。从 20 世纪 90 年代以来，国内不断地探索、实践和发展带电检测技术，已经形成相对成熟应用的电网设备带电检测技术，在我国电力系统应用越来越普遍。

1.3.1 局部放电检测技术应用

局部放电缺陷检测技术方面，高频脉冲电流法检测设备局部放电的技术逐步成熟，在变压器（电抗器）、套管、电流互感器、电压互感器、耦合电容器、避雷器等设备上均有比较成功的应用，高频法局部放电带电检测仪器技术规范和高频法局部放电带电检测技术现场应用导则已经发布。特高频法局部放电带电检测技术在变压器（电抗器）、GIS（HGIS）和电力电缆上的应用经过多年积累，基本成型，相关的带电检测仪器和现场应用导则已经发布企业标准。已有专门用于实验室标定特高频局部放电传感器的 GTEM 小室，以及用于现场 GIS 设备上特高频传感器标定的方法和 IEC 标准。超声波法局部放电带电检测技术在变压器（电抗器）、GIS（HGIS）、敞开式 SF_6 断路器、开关柜、电力电缆上的应用也逐步成熟，形成了关于超声波法局部放电带电检测仪器和现场应用导则的企业标准。暂态地电压法带电检测技术也逐步在开关柜的带电检测中发展成熟，形成了暂态地电压法带电检测仪器技术规范。

但是，与局部放电检测技术相对应的局部放电缺陷诊断方法还不够完善。现场大多数设备（除了 GIS 之外）上的局部放电传感器的标定、利用带电检测结果诊断局部放电缺陷类型、确定放电源位置、诊断缺陷严重程度、排除外界干扰的方法多年来一直是本领域的研究热点，进展缓慢。一方面，人们致力于研究电力设备局部放电缺陷发展机理及其演化规律，开展了大量的长期放电试验，研究了变电设备绝缘劣化过程，部分揭示了变压器油纸绝缘、GIS 设备的气体绝缘和交联聚乙烯材料常见局部放电缺陷的发展规律，初步建立了以局部放电脉冲相位分布、脉冲频度、单位时间内放电量等参数为主的变电设备局部放电缺陷严重程度特征指标体系。另一方面，人们利用数据挖掘方法和大数据分析技术对大量现场实测数据进行分析处理，致力于从现场实际局部放电数据总结挖掘局部放电缺陷的分析诊断方法。

1.3.2　光学成像检测技术应用

红外热成像技术通过检测热辐射红外线来诊断被测物体的温度，已逐步克服了太阳光的影响，摆脱了以往只能在夜间使用的限制。该技术已广泛用于输电线路、变电设备、配电设备和电力电缆等设备的异常发热缺陷的带电检测，形成了比较成熟的带电检测设备异常发热的检测技术。基于红外热成像技术的带电设备异常发热缺陷诊断方法相对比较简单，红外诊断方法比较成熟，诊断技术应用导则已形成行业标准，红外热像仪技术规范已经形成了企业标准报批稿。

红外成像法检漏技术通过红外成像的方式显示 SF_6 气体泄漏部位，主要应用于各电压等级 SF_6 设备。该技术得以在电力行业广泛应用，具有如下典型优点：设备无须停电非接触式检测、灵敏度高、仪器操作简单等，红外检漏仪的技术规范已经形成了企业标准报批稿。

紫外成像技术通过检测放电所产生的紫外光辐射来探测放电位置，逐步推广应用于输电线路、套管、电流互感器、电压互感器、耦合电容器、避雷器、敞开式 SF_6 断路器、开关柜等设备，形成了比较成熟的带电检测设备放电部位的检测技术。其中带电设备紫外诊断技术应用导则也形成了行业标准，紫外成像仪的技术规范已经形成了企业标准报批稿。

1.3.3　油/气化学检测技术应用

油中溶解气体分析技术已经应用多年，发挥了巨大作用。近年最新的研究成果：基于光声光谱法的油中溶解气体检测技术，包含光声光谱法的《油中溶解气体分析带电检测仪器技术规范》（Q/GDW 11059）和《变压器油中溶解气体分析和判断导则》（DL/T 722—2014）已经发布。

围绕 SF_6 气体性能检测方面，逐步完善了六氟化硫（SF_6）气体湿度带电检测技术、SF_6 气体纯度带电检测技术，形成了气体湿度、纯度、泄漏技术的现场应用技术导则和检测仪器技术规范的企业标准。近年来的创新性成果在于逐步形成了 SF_6 分解产物带电检测技术，并且发布了现场应用导则和仪器技术规范的企业标准。

1.3.4 电流类检测技术应用

金属氧化物避雷器泄漏电流检测技术已广泛应用于电力系统，通过泄漏电流检测，及时发现了多起避雷器内部受潮或绝缘支架性能不良等缺陷，避免了避雷器运行故障。2010 年，国家电网公司制定的《电力设备带电检测技术规范（试行）》（生变电〔2010〕11 号）要求对 35kV 及以上电压等级避雷器开展运行中持续电流的检测，通过全电流、阻性电流的初值差判断避雷器运行状况。国家电网公司《输变电设备状态检修试验规程》（Q/GDW 1168—2013）中也将避雷器阻性电流、全电流带电检测列为金属氧化物避雷器例行试验项目。

变压器铁芯接地电流检测技术作为变电站运维人员必须执行的例行巡视项目之一，已经在国网系统被广泛执行。通过铁芯接地电流可以及时发现带电变压器铁芯运行状态，及时解决铁芯多点接地缺陷，2010 年，国家电网公司制定的《电力设备带电检测技术规范（试行）》（生变电〔2010〕11 号）要求对铁芯接地电流开展带电检测，保证电流有效值低于 100mA 注意值。国家电网公司《输变电设备状态检修试验规程》（Q/GDW 1168—2013）中也将铁芯接地电流作为例行试验项目。

电缆护层环流检测作为运维人员必须执行的例行巡视项目之一，已经在国网系统被广泛执行。通过电缆护层环流可以及时发现带电电缆外护层运行状态，及时解决外护层多点接地缺陷，2010 年，国家电网公司制定的《电力设备带电检测技术规范（试行）》（生变电〔2010〕11 号）要求对电缆外护层开展带电检测，保证电流有效值低于 100A 注意值。国家电网公司《输变电设备状态检修试验规程》（Q/GDW 1168—2013）中也将外护层环流作为例行试验项目。

1.3.5 振动声学检测技术应用

振动声学检测采用加速度传感器或自由场传声器感知设备运行时的机械振动信号，加速度传感器采用磁吸方式吸附于设备外壁，自由场传声器采用非接触式固定在设备周围立柱或采用手持式检测系统。该技术已逐步推广应用于变压器、电抗器、有载分接开关、GIS 隔离开关等设备的带电检测及在线监测，并形成了《电力变压器 第 10 部分：声级测定》（GB/T 1094.10—2003）、《油浸式交流电抗器（变压器）运行振动测量方法》（DL/T 1540—2016）等国家及行业标准。

现行标准规定了振动声学检测中振动位移、加速度、峰值、频率等基本参量的标定，但现有标准和技术缺少对设备机械故障诊断体系的建立，对机械故障类型、严重程度、干扰抑制等技术的研究有待完善。由于不同型号的同类设备具有独立的声学指纹，且各类设备机械故障原因复杂多样，有效开展振动声学检测，需大量收集典型案例，并提取振动声学信号特征参量，建立基于声学指纹的设备故障诊断方法。

当 GIS 中的缺陷在电压作用下发生局部放电时，局部放电产生的能量使周围 SF_6 气体的温度骤然升高，从而形成局部过热，所产生的扰动以压力波的形式传播，其类型包括纵波、横波和表面波。不同的电气设备、环境条件和绝缘状况产生的声波频谱都不相同。

GIS 中沿 SF_6 气体传播的只有纵波，这种超声纵波以球面波的形式向周围传播。由于超声波的波长较短、方向性将强，所以它的能量也较为集中，因而可以通过设置在外壁的压敏传感器收集超声放电信号并对信号进行分析。

第2章 带电检测技术及装置

根据检测信号的不同，带电检测技术分为局部放电检测技术、光学成像检测技术、油/气化学检测技术、电流类带电检测技术以及振动声学检测技术等几大类，本章将分别对各类带电检测技术及装置的原理、构成、功能及特点进行介绍。

2.1 局部放电检测技术

所谓局部放电，就是指电气设备绝缘中发生的局部、非贯穿性放电，这种放电一般发生在导体附近高场强区域或绝缘材料中的空气穴中。在局部放电产生过程中，会伴有电荷迁移、电磁辐射、声发射、化学分解及局部过热等物理现象。虽然局部放电的能量很微弱，但在设备正常运行中，日积月累的局部放电会对放电处的绝缘造成累积伤害。随着绝缘逐步劣化，最终会引起主绝缘失效，导致电力设备故障停运。电力设备局部放电检测方法主要包括高频局部放电检测技术、特高频局部放电检测技术、暂态地电压局部放电检测技术及超声波局部放电检测技术。

2.1.1 高频局部放电检测技术

2.1.1.1 检测原理

当局部放电发生时会造成电荷的移动，该移动电荷可在外围测量回路中产生脉冲电流，通过检测该脉冲电流便可实现对局部放电的测量。高频局部放电检测的特点是测量灵敏度高、频谱信息丰富，其检测频率达到了 3～30MHz 高频范围，可广泛应用于高压电力电缆及其附件、变压器、电抗器、旋转电机等电力设备的局放检测。

高频局部放电检测所用传感器类型主要分为电容型传感器和电感型传感器。电感型传感器中的高频电流传感器（HFCT）具有便携性强、安装方便、现场抗干扰能力较好等优点，因此应用最为广泛。其工作方式为对流经电力设备的接地线、中性点接线以及电缆本体中放电脉冲电流信号进行检测。

常用的高频局部放电检测用传感器是基于罗戈夫斯基线圈原理设计的，一般设计为开口式的圆环形结构，方便用于高压电缆及其他有接地引下线的电力设备局部放电检测。基于罗戈夫斯基线圈的原理设计的高频电流传感器结构示意图和实物图分别如图 2.1 和图 2.2 所示。

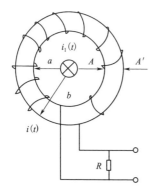

图 2.1　高频电流传感器结构示意图　　图 2.2　高频电流传感器实物图

高频局部放电传感器的最主要的参数为带宽和传输阻抗，《国家电网公司变电检测通用管理规定》规定在有效检测频带范围内最小传输阻抗不低于 $5\mathrm{mV/mA}$。

相比于常规脉冲电流法，高频局部放电检测可利用其频率范围内脉冲电流信号的波形和频谱进行多源放电的分离和干扰信号排除，这也是高频电流法得以用于在线检测的关键。以下为基于高频脉冲电流信号的等效时长 T、等效带宽 F 两个特征量进行信号分离的过程。这两个特征量的定义与计算方法如下。

1. 等效时长 T

如果一个信号的时域表达式为 $S(t)$，其时域波形特征有平均时间、持续时间等，如果把 t 看作时间密度，那么时间重心即平均时间由下式定义：

$$\bar{t}_N = \int t \left| S(t) \right|^2 \mathrm{d}t \tag{2.1}$$

常用的平均值是标准偏差，由下面的方程给出：

$$\sigma_t{}^2 = \int (t - \bar{t})^2 \left| S(t) \right|^2 \mathrm{d}t \tag{2.2}$$

标准偏差是信号持续时间的一种表示，可以作为信号的时域特征之一。

对时域信号进行标准化：

$$S_N(t) = S(t) / \sqrt{\int S(\tau)^2 \mathrm{d}\tau} \tag{2.3}$$

经过标准化处理后，信号的时间重心（平均时间）为

$$\bar{t}_N = \int_0^T \tau \, |S(\tau)|^2 \mathrm{d}\tau \tag{2.4}$$

它可以给出时域分布密度的大致特征，还可以给出密度集中的位置。

结合式（2.1）～式（2.4）等效时长的定义如下：

$$T = \sqrt{\int_0^T (\tau - \bar{t}_N)^2 \, |S(\tau)|^2 \mathrm{d}\tau} \tag{2.5}$$

它是信号持续时间的一种表示，即在多大的范围内的信号集中在时间重心的周围。

2. 等效频宽 F

时域信号 $S(t)$ 经过傅里叶变换得到 $S(\omega)$，与时间波形相似，如果 $|S(\omega)|^2$ 表示频率密度，则频率重心的表达式如下。

对频域信号进行标准化：

$$S_N(\omega) = S(\omega) / \sqrt{\int S(\sigma)^2 \mathrm{d}\sigma} \tag{2.6}$$

经过标准化处理后，信号的频率重心（平均频率）为

$$\overline{W}_N = \int_0^\infty \omega \, |S_N(\omega)|^2 \mathrm{d}\omega \tag{2.7}$$

它可以给出频率分布密度的大致特征，还可以给出密度集中的位置。

结合式（2.6）、式（2.7）等效频宽的定义如下：

$$F = \sqrt{\int_0^\infty (\omega - \bar{\omega}_N)^2 \, S_N(\omega)^2 \mathrm{d}\omega} \tag{2.8}$$

它是信号频谱范围的一种表示，即在多大的范围内的信号集中在频率重心的周围。

图 2.3 为三种缺陷电缆高频局部放电信号的 TF 谱图，纵轴为等效时间，单位 ns；横轴为等效频宽，单位 MHz。通过高频局放信号的 TF 谱图，可以有效地区别三种缺陷电缆的局放信号。

2.1.1.2 检测装置

高频局部放电检测装置示意如图 2.4 所示。高频局部放电传感器耦合高频脉冲电流信号，通过射频同轴电缆将信号传输到检测主机，经过装置内的滤波、放大等信号调理后进行数模变换，转换为数字信号，进一步通过专用算法进行放电脉冲信号的相位、幅值特征提取、放电的相位图谱分析，以及聚类分析和放电类型的模式识别。

高频局部放电检测装置的主要技术参数为检测灵敏度、带宽、动态范围、线性度、实时性等。局部放电检测的灵敏度表征了装置可以探测的最小局部放电信号的能力，取决于传感器的传输阻抗，放大器的带宽、放大倍数和噪声水

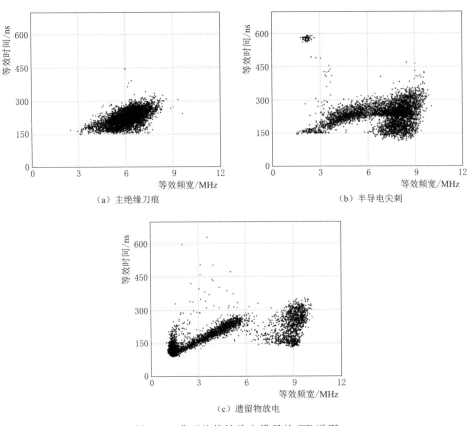

（a）主绝缘刀痕　　　　　　　　　（b）半导电尖刺

（c）遗留物放电

图 2.3　典型绝缘缺陷电缆局放 TF 谱图

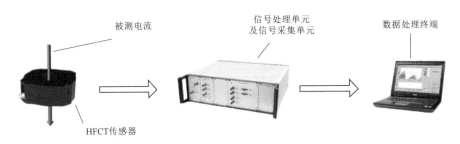

图 2.4　高频局部放电检测装置示意图

平；检测装置的带宽影响决定了放电脉冲波形的还原程度，带宽越宽越能真实反映放电的原始波形，有利于脉冲波形的辨识，但同时也可能导致干扰信号进入到系统中来，导致检测的信噪比下降，局部放电信号被噪声湮没；检测装置的动态范围和线性度则表征了系统真实反映信号强度的范围，动态范围越大、线性度越好，意味着检测信号波形和幅度的失真越小。检测装置的实时性表征了装置信号采集和处理的效率，对于涉及固体绝缘缺陷的放电，放电的不连续导致捕获信号的难度变大，因此实时性越来越成为间歇性放电检测的关键所在。

2.1.2 特高频局部放电检测技术

2.1.2.1 检测原理

电气设备绝缘介质中每一次局部放电都发生正负电荷的中和，伴随有一个很陡的电流脉冲，并向周围辐射电磁波。局部放电所辐射的电磁波的频谱特性与局部放电源的几何形状以及放电间隙的绝缘强度有关。当放电间隙比较小、放电间隙的绝缘强度比较高时，放电过程的时间比较短、电流脉冲的陡度比较大，辐射的电磁波信号的特高频分量比较丰富。通过 UHF（300MHz～3GHz）传感器接收局部放电辐射的 UHF 电磁波，实现局部放电的检测，这一方法称为特高频局部放电检测方法。

特高频传感器也称为特高频天线，耦合由局部放电脉冲辐射出来的特高频电磁波信号。特高频局部放电检测对象主要为 GIS，也普遍适用于电力变压器、电缆终端以及外绝缘局部放电的检测。按照传感器安装方式可分为内置式与外置式两类。图 2.5 和图 2.6 为实际的 GIS 用外置式和内置式特高频传感器实物图。图 2.7 为变压器放油阀安装的典型特高频传感器实物图。

图 2.5 典型的 GIS 用外置式特高频　　　2.6 典型的 GIS 用内置式特高频
局部放电传感器　　　　　　　　　局部放电传感器

特高频局部放电传感器的主要技术参数为检测频带和有效高度，标准规定特高频传感器有效高度不低于 8mm。

2.1.2.2 检测装置

特高频局部放电检测装置由特高频传感器、信号预处理、数据采集、信号传输和数据分析诊断系统组成，如图 2.8 所示。特高频传感器耦合局部放电特高频电磁波信号，通过射频同轴电缆将信号传输到检测

图 2.7 变压器放油阀
安装的特高频局放
传感器实物图

主机，与高频局部放电检测装置类似，经过装置内的滤波、放大等信号调理后进行数模变换，转换为数字信号，进一步通过专用算法进行放电脉冲信号的相位、幅值特征提取、放电的相位图谱分析，以及聚类分析和放电类型的模式识别。特高频传感器配合使用高速示波器，通过计算检测到信号的时间差，可以对 PD 源进行准确定位。

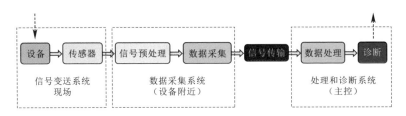

图 2.8 特高频局部放电检测装置

特高频局部放电检测装置的技术参数，从根本上来说与高频局部放电检测系统类似，即检测灵敏度、带宽、动态范围、线性度、实时性等，这里不再赘述。

2.1.3 暂态地电压局部放电检测技术

2.1.3.1 检测原理

高压电气设备发生局部放电时，会激发电磁波向外传播。屏蔽层在绝缘部位、垫圈连接处、电缆绝缘终端等部位由于成型等原因会出现不连续，局部放电产生的电磁波就会通过这些屏蔽体的不连续处传播到设备金属屏蔽壳外。电容性传感器感应到这些电磁波后，会对地产生一定的暂态对地电压（TEV）脉冲信号。

对暂态对地电压的测量，主要是测量放电脉冲幅度，单位有分贝（dB）、毫伏（mV）等。1970 年，英国电力企业联合会研究中心给出了暂态对地电压的分贝测量值的一般定义：

$$测试值（单位：dB）= 20\lg\frac{局放量峰值（mV）}{1mV}$$

根据以上定义，目前大家普遍认同带电检测中，阻抗 50Ω，峰值电压 1mV 的 0dB，等同于 100pC。

2.1.3.2 检测装置

地电波局部放电检测是基于电容分压原理通过电容耦合器来检测放电脉冲。与高频、特高频等电气类局部放电检测装置类似，地电波局部放电检测装置由 TEV 传感器、信号调理单元（信号滤波、放大等）、检测主机等构成。由电容性探测器检测到后，经过一系列的放大、滤波等进入采集单元进行处理，最后通过测试软件对放电信号进行分析，进行放电脉冲信号的相位、幅值特征提取，放电的相位图谱分析和放电类型的模式识别。

地电波局部放电检测装置的主要技术参数，参见与高频局部放电检测系统，这里不再赘述。

2.1.4 超声波局部放电检测技术

2.1.4.1 检测原理

高压电气设备内部存在局部放电，在放电过程中，伴随着爆炸状的声发射，产生超声波，超声波信号以纵波或横波方式，由局部放电源沿着绝缘介质和金属件传导到电力设备外壳，并通过介质和缝隙向周围空气传播。

超声波传感器也被称为声发射传感器，传感器利用压电效应制成，当传感器感受到超声波信号时，压电晶体受超声波的振动而形变，进而在压电晶体两侧产生电压。

声发射传感器分为谐振式、宽带式、差分式及内置放大器式，如图 2.9 所示。谐振式对某一频率响应较高，频率响应曲线相应较陡；宽带式频率响应曲线较为平缓；差分式由两个压电陶瓷组成且两压电陶瓷极性相反，经过差分型放大器信号调理后能够有效抑制共模信号，降低电气噪声干扰；内置放大器式在谐振式传感器内加了一个放大器。

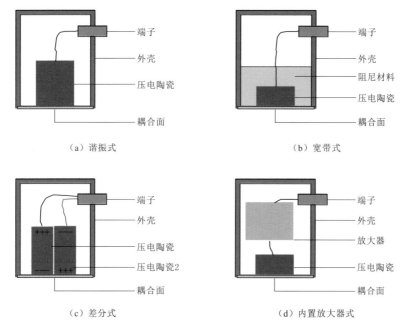

（a）谐振式   （b）宽带式

（c）差分式   （d）内置放大器式

图 2.9 声发射传感器

超声波传感器主要技术指标有灵敏度、谐振频率、10dB 带宽等。

灵敏度，单位为 V/(m/s) 或 dB。两者转化公式为 $X = 20\lg Y$，其中 X 单位为 dB，Y 单位为 V/(m/s)。

谐振频率，单位为 Hz，为传感器对外部信号发生共振时的频率，传感器对该频率的信号最敏感。

10dB 带宽，单位为 Hz，为从相应最高处下降 10dB 时对应的频率带宽。

一般用于 GIS 和开关柜局部放电检测的频率范围为 30～50kHz，用于变压器局部放电检测的频率范围为 20～80kHz，峰值灵敏度一般不小于 60dB，均值灵敏度一般不小于 40dB。

2.1.4.2　检测装置

一般超声波局部放电检测装置包括声发射传感器、局放检测仪主机、前置放大器三大功能主件。其中，声发射传感器是将局部放电激发的超声波信号转换成电信号，局放检测仪主机用于局部放电电信号的采集、分析、诊断及显示；前置放大器用于当被测设备与检测仪之间距离较远（大于 3m）时，为防止信号衰减，需在靠近传感器的位置安装前置放大器。装置的结构原理如图 2.10 所示。

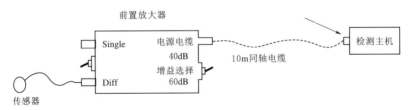

图 2.10　超声波局放检测仪原理图

2.2　光学成像检测技术

2.2.1　红外热像检测技术

2.2.1.1　检测原理

红外检测技术主要基于红外辐射（红外线）的理论，即任何高于绝对零度的物质都会连续地向周围辐射红外线，红外线是一种带能量的电磁波，其波长为 $0.75 \sim 1000 \mu m$，频率为 $3 \times 10^{11} \sim 4 \times 10^{14}$ Hz。红外辐射与物体本身的温度满足一定的函数关系，被测物体表面温度越高，辐射能量也越多。黑体红外辐射的基本规律反映了红外辐射强度和波长随温度变化的定量关系，其满足的基本规律主要有：普朗克辐射定律、维恩位移定律、斯蒂芬-玻尔兹曼定律等。

红外辐射的物理本质是热辐射，红外辐射是一个过程，温度越高中心波长越短。自然界中所有的物体都能辐射红外能量，红外辐射（红外线）通常指波长 $0.78 \sim 1000 \mu m$ 的电磁波，红外波段的短波端与可见光红光部分相邻，长波端与微波相接，如下图 2.11 所示。

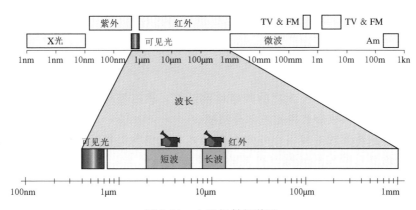

图 2.11 电磁辐射频谱图

根据波长的不同，可分为：

（1）近红外线 $0.75 \sim 3 \mu m$。

（2）中红外线 $3 \sim 6 \mu m$（中波）。

（3）远红外线 $6 \sim 15 \mu m$（长波）。

（4）极远红外线 $15 \sim 1000 \mu m$。

红外线在大气中穿透比较好的波段，通常称为"大气窗口"。短波窗口在 $1 \sim 5 \mu m$，而长波窗口则是在 $8 \sim 14 \mu m$，如图 2.12 所示。

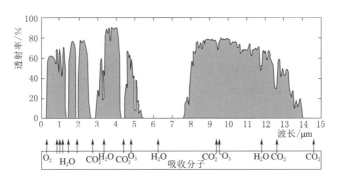

图 2.12 不同波长的红外线透射率图谱

红外探测器是能把被测物体红外辐射能的变化转变为电量变化的装置，是依靠探测微型辐射热量来实现的热探测器（Microbolometer）。探测器通过吸收入射的红外辐射致使自身温度上升，从而引起探测器电阻变化，在外加电压的情况下进而产生信号电压，再通过信号处理器把探测器产生的信号电压转变成热图。

目前常用的焦平面探测器（FPA）主要使用的主要材料就是非晶硅和氧化钒。

现在红外探测器是由过去的单元探测器发展而成的焦平面探测器（FPA），工业上普遍使用 320×240 或 640×480 像素的焦平面探测器（FPA）。探测器每个单元每秒钟可以积分 50 次甚至更高，即可将接收的信号以 $50\mathrm{Hz}$ 甚至更高的速率输出。

2.2.1.2　检测装置

红外检测装置是一种无损的带电检测装置，该红外检测装置主要由红外探测器、图像处理系统和监视器三部分组成。

红外检测装置就是利用红外探测器和光学成像物镜接受被测目标的红外辐射能量并将分布图形反映到红外探测器的光敏元件上，从而获得红外热像图，这种热像图与物体表面的热分布场相对应。通俗地讲，红外检测装置就是将物体发出的不可见红外能量转变为可见的热图像，对目标表面的发热状态进行观测，从而达到检测电力设备缺陷的目的。热图像的上面的不同颜色代表被测物体的不同温度，一般来说颜色越亮温度越高，颜色越深、越黑温度越低。红外检测图如图 2.13 所示。

检测对象　　　　　　　　红外热像仪　　　　　　　　显示红外图像

图 2.13　红外检测图

红外检测装置具有非接触性、二维性和实时性三个特点，用于电力设备诊断时能够实时地反映设备温度分布情况，从而判断设备缺陷情况。非接触式测量，不影响设备运行状态。

红外检测装置进行带电检测的流程一般有四个步骤。如图 2.14 所示。

（1）红外检测装置拍摄设备的红外图像后，根据红外热成像的特征对缺陷位置进行定位。

（2）结合设备的缺陷位置判别缺陷的发热类型。

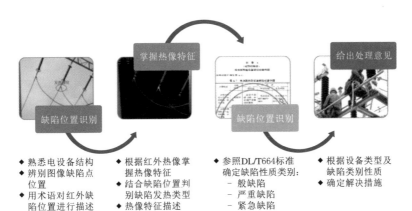

图 2.14　红外检测流程图

（3）依据《带电设备红外诊断应用规范》（DL/T 664—2016）第 8 章判断方法，附录 H 和附录 I 中缺陷诊断判据和附录 J 中图例，以及设备类型判定缺陷性质，判定缺陷性质示例如图 2.15 所示。

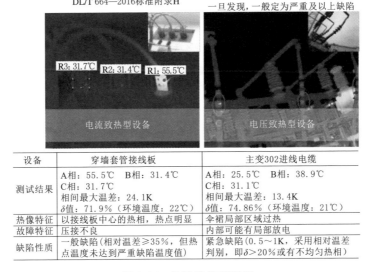

设备	穿墙套管接线板	主变302进线电缆
测试结果	A相：55.5℃　B相：31.4℃ C相：31.7℃ 相间最大温差：24.1K δ值：71.9%（环境温度：22℃）	A相：25.5℃　B相：38.9℃ C相：31.1℃ 相间最大温差：13.4K δ值：74.86%（环境温度：21℃）
热像特征	以接线板中心的热相，热点明显	伞裙局部区域过热
故障特征	压接不良	内部可能有局部放电
缺陷性质	一般缺陷（相对温差≥35%，但热点温度未达到严重缺陷温度值）	紧急缺陷（0.5～1K，采用相对温差判别，即δ>20%或有不均匀热相）

图 2.15　缺陷性质判定图

（4）根据设备部位和缺陷性质，给出缺陷诊断报告。

采用红外成像原理的另一种应用装置是红外成像检漏装置，其原理如图 2.16 所示。红外成像检漏仪充分利用 SF_6 红外吸收性强的物理特性，然后在高性能的红外探测器及先进的红外探测技术下，使肉眼看不见的 SF_6 变得可见。其工作波段为 $10.3\sim10.7\mu m$（SF_6 吸收性最强为 $10.6\mu m$），如图 2.17 所示。

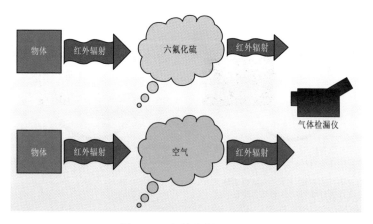

图 2.16　红外检漏原理图

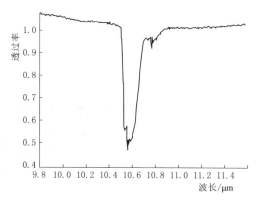

图 2.17　SF_6 光谱透过率曲线图

红外成像检漏仪具有以下特点：

（1）将不可见的气体泄漏成像，并直观地显示。

（2）十分适合用于对变电站等 SF_6 设备进行远距离检测，查找 SF_6 气体的泄漏点。

（3）带电、非接触检测时，实时地捕捉气体泄漏视频图像，可大大减少因停电维修而带来的损失。

（4）远距离检测，工作人员更安全。

（5）能够捕捉微量 SF_6 气体的泄漏，准确定位泄漏点，省时省力。

2.2.2　紫外成像检测技术

2.2.2.1　检测原理

紫外线是阳光中波长为 $400 \sim 10nm$ 的光线。英语为 ultraviolet（缩写为

UV），前缀 ultra 意为"高于，超越"。太阳光谱上，紫外线的频率高于可见光线。可以分为 UVA（紫外线 A，波长 400～320nm，低频长波）、UVB（波长 320～280nm，中频中波）、UVC（波长 280～100nm，高频短波）、EUV（100～10nm，特高频）4 种。不同频段光谱图如图 2.18 所示。

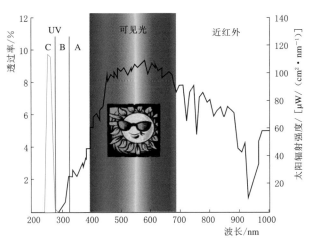

图 2.18　不同频段光谱图

电晕、电弧等放电现象的光谱分析表明放电现象都会产生不同波长的紫外光，波长范围 230～405nm，其中 240～280nm 的光谱段称为太阳盲区，在此波长范围内由太阳传输来的紫外光分量极低。电晕光谱图如图 2.19 所示。

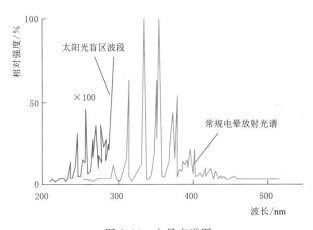

图 2.19　电晕光谱图

紫外成像仪则根据上述紫外线的特点，利用紫外探测器和可见光相机相互配合，使得不可见的紫外线能直观地呈现出来。

33

由于电气的电晕放电是在 UV 频谱范围内，且电晕放电的温度变化很小，大多数情况无法用红外线成像作测量，因此，使用紫外检测技术有其优势。紫外成像仪工作原理图如图 2.20 所示。

紫外成像仪相比其他无损检测设备的优势如下：

（1）用太阳盲区检测电晕的方法，因此不受环境的阳光辐射影响。

（2）UV 探测器有较高的灵敏度，即使微弱的 UV 信号也可侦测出，可在白天显示影像。

（3）受环境干扰很小，可在白天、雨天、雾天做检测。

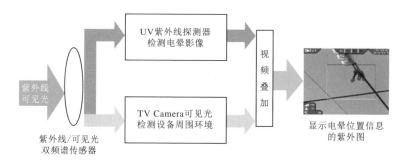

图 2.20　紫外成像仪工作原理图

2.2.2.2　检测装置

变电设备的绝缘体表面存在微小洞隙、劣痕或其他弱点时，受电场的影响就会加速游离而产生部分放电现象。由于在两电极间并未构成桥式完整连续性放电，而仅在电极间的一部分形成微小放电，故称为局部放电。由于部分放电现象在微小的空间内会产生能量损失及热量，导致绝缘材料的裂化，长时间后导致绝缘破坏，造成设备故障而影响供电可靠性。裸露的金属电极由于受到尺寸、结构和气候环境等影响会造成电晕放电现象。这种表面放电和金属电晕会产生光子从而被紫外成像仪（图 2.21）检测到，因此可通过紫外成像的方法检测电力设备外部放电情况。

紫外成像仪目前有日盲型和全频带型的，日盲型的紫外成像仪是滤除了太阳光中的紫外波长的光子，可以满足白天紫外测试的要求，目前应用较为频繁。

图 2.21　紫外成像仪

还有一种是全频带型的，检测的光子包含了太阳光中的紫外波长的光子，这种仪器的使用要排除太阳光的干扰必须安排在晚上开展相关的检测工作，它具有检测频带更宽、信息更全面等特点。

紫外成像仪一般应具备以下性能：可在日光下（日盲型）、弱光及夜间使用；紫外检测灵敏度高达 $3\times10^{-18}\,\mathrm{W/cm^2}$、内置紫外光子计数器，且计数范围可调，可对放电强度进行评估；高灵敏度彩色可见光摄像机，最低照度为 $0.0004\mathrm{lx}$；紫外可见光同步缩放，实时显示电晕信号；具有拍图和视频记录功能；一体式、高亮度、高分辨率、可旋转折叠、LED 背光显示屏（像素 640×480，非镜面屏）；信号分析处理功能。

紫外图片通过可见光图片与紫外光子成像图片进行叠加，实现了电力设备紫外光子可视化，可清晰地显示设备具体部位的外部放电情况。在紫外图片上显示的参数主要有光子簇、框内光子数量、设备可见光图像等重要信息，如图 2.22、图 2.23 所示。

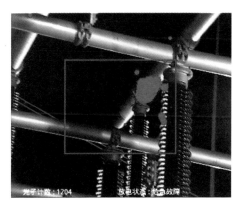 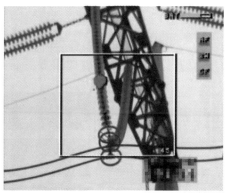

图 2.22　电力设备紫外图谱　　　　图 2.23　悬式绝缘子串上的紫外放电图谱

紫外成像仪应用的主要场景如下：

（1）检查发现劣化绝缘子（陶瓷、复合、玻璃绝缘子）的缺陷、表面放电和污染。

（2）导线架线时拖伤、运行过程中外部损伤（人为砸伤）、断股、散股检测。导线表面或内部变形都可产生电晕。

（3）电力工程质量检测（安装不当、接地不良等）。

（4）检查高压设备的污染程度。

（5）运行中绝缘子的劣化以及复合绝缘子及其护套电蚀检测。

（6）高压产品的绝缘缺陷检测。

（7）高压变电站及线路的整体维护。

（8）大型发电机定子线棒端部和槽壁电晕放电检测。

（9）寻找无线电干扰源。高压设备的放电会产生强大的无线电干扰，影响到附近的通信信号、电视信号的接收等，使用紫外成像技术可迅速找到无线电干扰源。

（10）在高压电器设备局部放电试验中，利用紫外成像技术寻找或定位设备外部的放电部位，或消除外部干扰放电源，提高局部放电试验的有效性。

2.2.3 多光谱成像检测技术

2.2.3.1 检测原理

高压电气设备缺陷通常会伴随有电、光、热、声波、化合物等产生。巡检人员通过各类专业仪器获取电气设备的运行状态，对缺陷和隐患进行定性、定量化评估和处置，但是各类检测仪器相对独立，就图像传感器而言，各种传感器工作于不同的波长范围，具有不同的成像机理，检测面向不同的故障类型，其获取的数据信息量有限、关联性低，往往难以对故障进行全面分析和诊断。

日盲紫外图像由于无直观的目视背景，必须附加一路可见光图像，作为观测目标的对照和参考，因此需要进行紫外、可见光双光路融合设计，提供无视差的紫外和可见光同轴图像。热红外图像细节丰富，与可见光图像目视效果接近，因此无须提供可见光图像参照。由于紫外和可见光波段相对接近，而热红外波段与紫外、可见光波段差距较大，造成同时满足紫外、可见光和热红外波段成像要求的材料暂时不存在，因此三光检测的原理如图 2.24 所示。

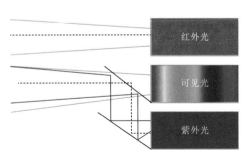

图 2.24　三光检测原理

2.2.3.2 检测装置

多光谱检测系统由两个窗口组成，一个窗口为热红外通道，另一个窗口为共轴复合的紫外光和可见光通道，如图 2.25 所示。两个通道应当尽量接近，视角尽量一致，避免视差过大带来图像复合不准确。多光谱检测设备是将可见光、红外光、紫外光三个检测相机集成到一个可手持平台上。硬件部分主要包含了高清可见相机 1 个，红外相机 1 个，紫外相机 1 个、视频服务模块 2 个，供电模块 1 个。其中红外相机、高清可见相机及紫外相机用于采集红外光、紫外光及可见光信号；视频服务模块用于对图像进行专业处理并压缩成标准格式，提供视频服务功能，构建外部可访问功能；供电模块用于对外部输入电源进行二次稳压，形成稳定输入源，并进行电源分配控制。

多光谱成像仪的优点是融合紫外、红外检测的优点，针对同一位置的放电和热点进行检测、缺陷分析、分类诊断、状态预警，实现红外看故障、紫外看趋势的功能，如图 2.26 所示。

图 2.25 多光谱成像仪

图 2.26 红外、紫外数据融合图像

多光谱成像仪具备以下特点：
(1) 可见光、红外光、紫外光三光数据融合巡检。
(2) 紫外量化分析、缺陷智能分级和趋势分析。
(3) 红外单点测温、区域测温、最高温度追踪。

多光谱成像仪的主要应用场景如下：
(1) 外绝缘设备污秽、裂纹、芯棒断裂等。
(2) 变压器接头松动、套管过热或破损、接头压接不良、冷却管堵塞不畅等。
(3) 开关设备接口松动或接触不良、过载、过热等。
(4) 电动机、发电机轴承温度过高、绕组短路、过载等。
(5) 导线断股、散股、毛刺等。

2.3 油/气化学检测技术

绝缘油、SF_6 气体是电气设备中很重要的组成部分，起着绝缘、散热和灭弧的主要作用。通过对绝缘油和 SF_6 气体的检测不但可以有效地真实表明其理化性能和电气性能，还可以像设备的"血液"一样，反映出设备的运行情况，对电气设备的安全运行起着重要的作用。本节将这着重介绍变压器油中溶解气体分析以及 SF₆ 电气设备气体中水分含量、纯度的测定以及 SF₆ 气体中分解产物的测定。

2.3.1 油中溶解气体检测技术

通过对充油类设备的油中溶解气体组分和含量的分析,可以及时地发现充油设备内部存在的潜伏性缺陷,是迄今为止对充油电气设备中最为成熟的、最行之有效的技术监督手段。目前对变压器油中溶解气体组分和含量的分析手段主要有:气相色谱法和光声光谱法。

1. 气相色谱法

气相色谱法是一种物理分离方法,它是利用气体混合物中各组分在色谱柱两相间分配系数的差别,当含有各种气体组分的混合物在两相间做相对移动时,各组分在两相间进行多次分配,从而使各组分得到分离的方法。

气相色谱的分离原理:当混合物中各组分如 A、B 组分在两相间作相对运动时,进行反复多次的分配,由于不同组分的分配系数不一样,在色谱柱中的运行速度就不同,滞留时间也就不一样。分配系数小的组分会较快地流出色谱柱;分配系数越大的组分就越易滞留在固定相间,流过色谱柱的速度也就较慢。这样,当流经一定的柱长后,样品中各组分得到了分离。当分离后的各个组分流出色谱柱再进入检测器时,记录仪就描绘出各组分的色谱峰如 A 组分峰、B 组份峰。气相色谱的分离过程如图 2.27 所示。

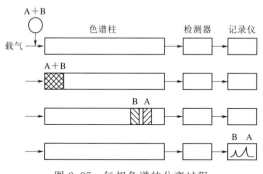

图 2.27 气相色谱的分离过程

气相色谱仪的组成如图 2.28 所示,气相色谱仪的一般组成为气路控制系统、进样系统、组分份分离系统、检测器、放大器、微机控制系统、温度控制系统以及色谱分析工作站。

2. 光声光谱法

光声光谱法是基于光声效应的一种光谱检测技术,光声效应是由气体分子吸收特定波长的电磁辐射(如红外光)所产生。下面以 GE Kelman 的油中气体检测装置的结构为例进行介绍。首先,光源产生的宽带热辐射经过抛物面反射

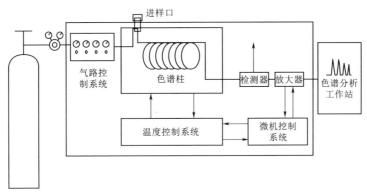

图 2.28 气相色谱仪组成

镜聚焦；然后，通过以恒定速率转动的调制盘产生的频闪效应对其进行频率调制；随后脉冲光投射到一系列滤光片。所有滤光片均为专门设计的高精度光学元件用于透射特定波长的光辐射，具有不易磨损及抗老化的优点。各滤光片仅允许透过一个窄带光谱，其中心频率与预选气体分子的特征吸收频率相对应，入射光脉冲以调制频率反复激发光声池中对应的气体分子，受激的气体分子通过辐射或非辐射方式激退并回到基态；对于非辐射的弛豫过程，密封光声池内气体的吸收能最终转化为分子动能，引起气体局部压力变化，从而在光声池中产生周期性机械压力波动。通过分别安置在光声池两侧的微音器就可以探测到气体微小的压力变化。光声光谱装置原理如图 2.29 所示。

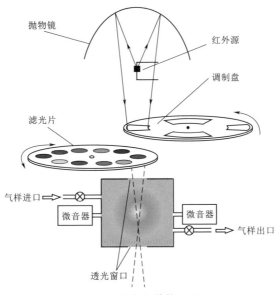

图 2.29 光声光谱装置原理

光声光谱仪检测仪主要包括预脱气系统、光声光谱测量系统及数据记录与处理系统，如图 2.30 所示。

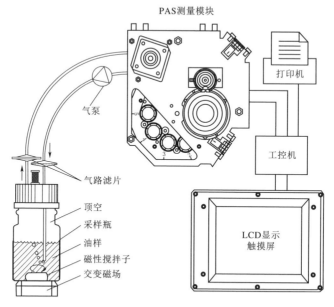

图 2.30　光声光谱检测仪基本结构

2.3.2　SF₆ 气体检测技术

2.3.2.1　检测原理

SF₆ 气体纯度的主要检测方法为热导传感器检测法、气相色谱法、红外光谱法、电子捕捉原理、声速测量原理和高压击穿法等，应用较多的是热导传感器检测法。

热导传感器检测法：纯净气体混入杂质气体（空气）后，或混合气体中的某个组分的气体含量发生变化，必然会引起混合气体的导热系数发生变化，通过检测气体的导热系数的变化，便可准确计算出两种气体的混合比例，实现对 SF₆ 气体纯度的检测。目前，大多采用热导传感器检测 SF₆ 气体纯度，其结构如图 2.31 所示，主要由参考池腔和测量池腔组成。

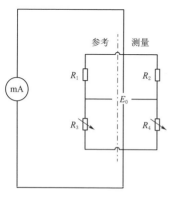

图 2.31　热导传感器的结构与检测原理示意

传感器内置电阻，该电阻中经过电流时，产生的热量可通过电阻周围的气体传导出去，从而使电阻的温度降低。该电阻是热敏元件，温度的变化会使电阻值发生变化，使电桥失衡在信号输出端 E_0 产生电压差。输出的电压值与电阻周围气体的导热系数呈对应关系，根据电压值可以得到 SF_6 气体的含量。

2.3.2.2 水分检测

SF_6 气体中微水的常用检测方法主要有：露点检测法、阻容传感器检测法、电解法和质量法等，其中露点检测法和阻容传感器检测法应用较广。

1. 露点检测法

露点检测法是用等压冷却的方法使被测气体中的水蒸气在露层传感器（冷镜或声表面波器件）表面与水的平展表面呈热力学相平衡状态，测量此时的温度，从而获得气体的露点温度。镜面法用冷堆制冷，用激光监测相平衡状态，用温度传感器直接测量镜面温度，即为露点。根据露点的定义测量气体中微水，精度高，稳定性好。

冷镜面式模组结构如图 2.32 所示，一般由光源发射与接收端、PT100 温度传感器、帕尔贴制冷器等部件组成。

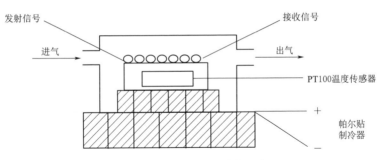

图 2.32 冷镜面式模组结构示意图

有气流通过时，检测仪启动帕尔贴制冷器制冷，当温度降低到一定温度时，SF_6 气体中的水分在镜面上结露或结霜，此时通过镜面的反射光线强度发生变化，接收端信号随之也发生变化，此时温度传感器采集到的温度即为本次测量样气的露（霜）点温度。

2. 阻容传感器检测法

根据传感器吸湿后电阻电容的变化量计算出微水含量。当水分进入传感器微孔后，使其电性能发生改变，产生变化的电信号。利用标准湿度发生器产生定量水分来标定电信号—露点温度关系工作曲线，根据对在待测气体中传感器测量的电信号来转换确定气体的湿度。

阻容式湿敏电容由高分子薄膜制成的，该材料是一种高分子聚合物，湿敏感电容传感器基本结构如图 2.33 所示，其由上电极、湿敏材料即高分子薄膜、下电极、玻璃底衬几部分组成。

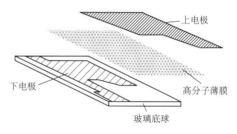

不同湿度的气体进入传感器时，传感器腔体内的气体介电常数发生变化，两个电极之间的电容随之发生变化，电极之间的容值通过一系列的计算反映出不同的水分含量，即露（霜）点温度。一般情况下，0℃以上为露点温度，0℃以下为霜点温度。

图 2.33　湿敏感电容传感器基本结构

2.3.2.3　分解物检测

SF_6 气体分解物的常用检测方法主要有：气相色谱检测法（气相色谱-质谱联用法）、电化学传感器检测法、红外光谱法和气体检测管法等，其中气相色谱检测法和电化学传感器检测法得到了广泛应用。

1. 气相色谱检测法

以惰性气体（载气）为流动相，以固体吸附剂或涂渍有固定液的固体载体为固定相的柱色谱分离技术，配合检测器（TCD＋FPD、PDD 等），检测被测气体中的各组分含量。

气相色谱检测系统主要由进样系统、温控系统、色谱柱系统和数据处理系统构成，如图 2.34 所示。目前，用于检测 SF_6 气体分解物的气相色谱仪主要有两种检测器配置：①TCD 与 FPD 并联配置，可检测 SF_6 气体中的 SO_2、SOF_2、H_2S、空气、CO_2、CF_4 和 C_3F_8 等组分；②双 PDD 配置，可检测 O_2、N_2、CO、CF_4、CO_2、C_2F_6、SO_2F_2、H_2S、C_3F_8、COS、SOF_2、SO_2 和 CS_2 等十余种组分。

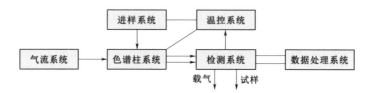

图 2.34　气相色谱检测系统组成

2. 电化学传感器检测法

根据被测气体中的不同组分改变电化学传感器输出的电信号，从而确定被测气体中的组分及其含量。

电化学气体传感器是将一个电极固定于电解质中作为对比电极，另一电极测量待测气体在电极表面上的电位，基于两电极之间的化学电位差来检测气体，如图 2.35 所示。电化学传感器在检测 SF_6 气体分解物时，受其自身特性影响，不同气体间的交叉干扰、环境温度及零点漂移等都会对检测结果造成影响。

电化学传感器法具有检测速度快、操作简单、易实现等优势，且其携带方便，便于现场检测。目前该方法已成为现场检测的主要手段，用于检测 SF_6 气体分解物中 SO_2、H_2S 和 CO 含量，为诊断 SF_6 电气设备缺陷或故障提供了依据。

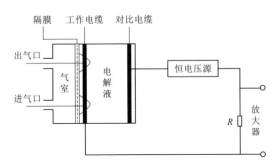

图 2.35　电化学传感器检测原理示意

2.3.2.4　检测装置

SF_6 气体纯度、湿度和分解物检测仪器的基本结构类似，主要包括 SF_6 气体纯度检测单元，SF_6 气体湿度检测单元，SF_6 气体分解物检测单元，信号采集、处理及显示单元等部分，检测仪结构如图 2.36 所示。

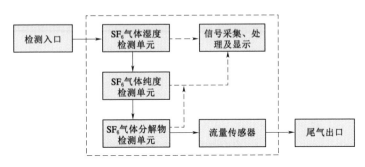

图 2.36　SF_6 气体检测仪结构框图

每个检测单元的结构类似，一般由流量调节阀、传感器、信号处理、电池等单元组成，SF_6 气体检测仪内部构成示意图如图 2.37 所示。

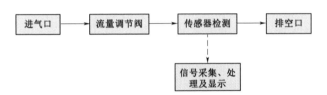

图 2.37　SF_6 气体检测仪内部构成示意图

2.4　电流类带电检测技术

电力设备带电检测是发现设备潜伏性运行隐患的有效手段，是电力设备安全、稳定运行的重要保障。电流检测是带电检测的一种方法，按照检测类型可分为电容型设备相对介损带电检测技术、避雷器泄漏电流带电检测技术、变压器及电缆外护层接地电流的带电检测技术等。

2.4.1　电容型设备相对介损带电检测技术

2.4.1.1　检测原理

在交流电压作用下，电容型设备绝缘的等值电路相量图如图 2.38 所示。流过介质的电流 I 由电容电流分量 I_c 和电阻电流分量 I_r 两部分组成，电阻电流分量 I_r 就是因介质损耗而产生的，电阻电流分量 I_r 使流过介质的电流偏离电容性电流的角度 δ 称为介质损耗角，其正切值 $\tan\delta$ 反映了绝缘介质损耗的大小，并且 $\tan\delta$ 仅取决于绝缘特性而与材料尺寸无关，可以较好地反映电气设备的绝缘状况。此外通过介质电容量 C 特征参数也能反映设备的绝缘状况，通过测量这两个特征量可以掌握设备的绝缘状况。

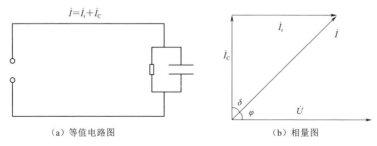

（a）等值电路图　　　　　　　　　（b）相量图

图 2.38　电容型设备绝缘等值电路相量图

相对测量法是指选择一台与被试设备 C_x 并联的其他电容型设备作为参考设备 C_n，通过串接在其设备末屏接地线上的信号取样单元，分别测量参考电流信号 I_n 和被测电流信号 I_x，两路电流信号经滤波、放大、采样等数字处理，利用谐波分析法分别提取其基波分量，计算出其相位差和幅度比，从而获得被试设备和参考设备的相对介损差值和电容量比值。考虑到两台设备不可能同时发生相同的绝缘缺陷，因此通过它们的变化趋势，可判断设备的劣化情况，其原理如图 2.39 所示。

2.4.1.2　检测装置

电容型设备相对介质损耗因数及电容量比值带电检测仪器一般由信号取样单元、测试引线和主机等部分组成，如图 2.40 所示。取样单元用于获取电容型

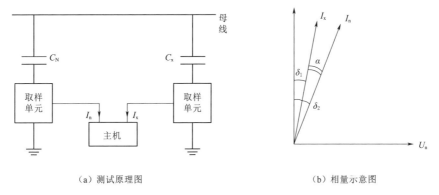

（a）测试原理图　　　　　　　　　　（b）相量示意图

图 2.39　相对测量法原理示意图

设备的电流信号；测试引线用于将取样单元获得的信号引入到主机；主机负责数据采集、处理和分析。

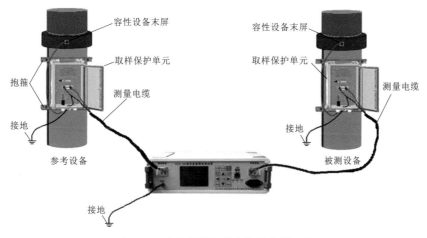

图 2.40　电容性设备带电检测仪器组成

1. 主机

仪器主机负责数据采集、处理和分析，对于无线型测试仪器来说，有两台主机。

性能要求：仪器主机应具备的主要技术指标见表 2.1。

表 2.1　相对介质损耗因数和电容量比值带电测试仪器技术指标

检测参数	测量范围	测量误差要求
电流信号	$1\sim1000\text{mA}$	$\pm$（标准读数$\times0.5\%+0.1\text{mA}$）
电压信号	$3\sim300\text{V}$	$\pm$（标准读数$\times0.5\%+0.1\text{V}$）
介质损耗因数	$-1\sim1$	$\pm$（标准读数绝对值$\times0.5\%+0.001$）
电容量	$100\sim50000\text{pF}$	$\pm$（标准读数$\times0.5\%+1\text{pF}$）

2. 信号取样单元

信号取样单元的作用是将设备的接地电流引入到测试主机，测试准确度及使用安全性是其技术关键，必须避免对人员、设备和仪器造成安全伤害。目前所使用的电容型设备带电测试取样装置主要可以分为两种，即接线盒型和传感器型（其中传感器型还可以分为有源传感器和无源传感器）。

取样单元性能要求：取样单元应采用金属外壳，防护等级不低于 IP65，具备优良的防锈、防潮、防腐性能，且便于安装。取样单元应采用多重防开路保护措施，能有效防止测试过程中因接地不良和测试线脱落等原因导致的末屏电压升高，保证测试人员的安全，且不影响被测设备的正常运行。对于电容型套管，应安装专用末屏适配器，并保证其长期运行时的电气连接及密封性能。对于线路耦合电容器，为避免对载波信号造成影响，宜采用在原引下线上直接安装穿芯电流传感器的取样方式。取样回路的连接电缆或导线应具有较高的机械强度，并应在被测设备的末屏引出端就近加装可靠的防开路保护装置。取样单元应免维护，正常使用寿命不应低于 10 年。

3. 设备末屏引下方式

电容型设备相对介质损耗因数及电容量比值带电检测需要将设备末屏（或低压端）进行引下改造，由于各类设备的结构不同，其引下方式也不同。

（1）电流互感器、耦合电容器。这两类设备由于结构简单，其末屏引下线方式也较简单。直接将末屏接地打开，用双绞屏蔽电缆引下至接线盒型取样单元接地或穿过穿芯电流传感器接地。

（2）电容式电压互感器。对于中间变压器末端（X端）接地可以打开的情况，应选用如图 2.41（a）所示的优先方案，把 X 端接地打开，把电容分压器的末端（N端）和 X 端连接后引下，其优点是所有接地电流均流过测试仪器，能够全面反映设备绝缘状况。如果 X 端接地无法打开，可选用如图 2.41（b）所示的备选方法，可以把 N 端和 X 端连接打开后，将 N 端单独引下，在这种方式下，只有大部分电流流过测试仪器，另一小部分电流经中间变压器分流入地，对设备绝缘状况的反应不如前者全面。

（3）变压器套管。套管末屏接地一般分为外置式、内置式和常接地式，其接地引下改造首先要保证其在运行中不会失去接地。

1）外置式：套管末屏抽头的导杆外露（可见，且带有 M6 或 M8 螺纹），直接通过金属连片或金属导线进行接地，自身具备密封性能，如图 2.42（a）所示。早期的国产套管常采用该方式，开展带电测试时可直接使用，通常不需要进行改造。

2）内置式：套管末屏抽头隐藏在金属帽内（不可见），通过金属帽内部的卡簧或顶簧接地，如图 2.42（b）所示。开展带电测试时需要安装专门设计的末

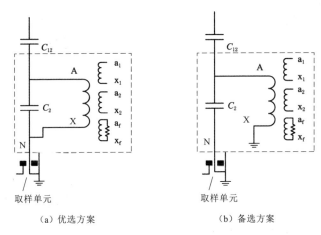

（a）优选方案　　　　　　　（b）备选方案

图 2.41　电容式电压互感器低压端引下方式

屏适配器，以便安全可靠地引出套管末屏信号，同时又能保持原有的密封性能不变。

3）常接地式：套管末屏抽头隐藏在金属帽内（不可见），抽头导杆上带有弹簧接地套筒（只有向内按动时方可打开接地连接），金属帽仅起密封盒防护作用，如图 2.42（c）所示。开展带电测试时需要安装专门设计的末屏适配器，以便安全可靠地引出套管末屏信号，同时又能保持原有的密封性能不变。

（a）外置式　　　　　　（b）内置式　　　　　　（c）常接地式

图 2.42　常见的变压器套管末屏结构

变压器套管末屏适配器通常有两种：一种是内部含有传感器的，通常仅适应于末屏接地帽尺寸较大的情况，如图 2.43 所示，且要保证传感器的精度及长期运行可靠性；另一种内部不含传感器的，仅把末屏抽头可靠引出并保持密封性能，如图 2.44（a）所示，目前多采用该方式，且要求在末屏引出端就近加装放开路（断线）保护器，如图 2.44（b）黑色器件。

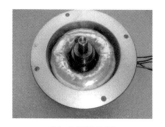

（a）外观图　　　　　　　　　　　　　　（b）内部结构图

图 2.43　内部含有传感器的末屏适配器

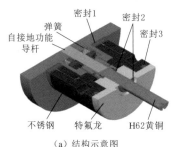

（a）结构示意图　　　　　　　　　　　　（b）外观图

图 2.44　内部不含传感器的末屏适配器

2.4.2　避雷器泄漏电流带电检测技术

2.4.2.1　检测原理

在系统运行电压情况下，金属氧化物避雷器（metal oxide surge arrester，MOA）的总泄漏电流由阀片柱泄漏电流、绝缘杆泄漏电流和瓷套泄漏电流三个部分组成。正常情况下，瓷套泄漏电流和绝缘杆泄漏电流比阀片柱泄漏电流小很多，只有在内部受潮或湿润污秽引起的绝缘杆泄漏电流或瓷套泄漏电流增大时，总泄漏电流才会有明显的变化。

图 2.45 为金属氧化物避雷器的等值电路及模拟的泄漏电流波形示意图，由非线性电阻 R 和电容 C 并联构成。u 为电网电压，I_R 为阻性泄漏电流，I_C 为容性泄漏电流，I 为总泄漏电流。其中电容 C 可视为固定值；而非线性电阻 R 随着电压的变化而产生变化。当施加电压小于参考电压时，MOA 相当于一个很大的电阻，其阻值变化很小；当施加于 MOA 上的电压大小接近甚至大于参考电压时，其非线性电阻迅速减少，阻性电流分量随之迅速增大。正常运行时，MOA阻性电流仅占总泄漏电流不到 20%。在受潮或老化情况下，非线性电阻值减少明显，阻性电流随之明显增加，可能因此而导致 MOA 发热甚至产生事故。现场检测时，一般关注阻性电流基波分量、阻性电流峰值、阻性电流三次谐波分量

的变化情况来判断 MOA 的运行工况。

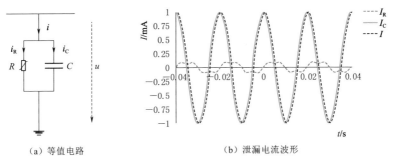

（a）等值电路　　　　　　　　　（b）泄漏电流波形

图 2.45　金属氧化物避雷器等值电路及模拟的泄漏电流波形

目前针对避雷器的带电检测方法主要有全电流测试法和阻性电流检测法。其中阻性电流检测是通过采集避雷器全电流信号，并对同步采集的电压信号进行数字信号处理后经不同的算法计算得出，按检测原理分为三次谐波法、容性电流补偿法、基波法、波形分析法等。

1. 全电流测试法

该方法通过测量接地引线上通过的泄漏全电流来反映阻性电流分量的大小，最简单的方法是用数字式万用表（也可采用交流毫安表、经桥式整流器连接的直流毫安表），接在动作计数器上进行测量。但由于阻性电流仅占很小的比例，即使阻性电流已显著增加，总电流的变化仍不明显，该方法灵敏度很低，只有在避雷器严重受潮或老化的情况下才能表现出明显的变化，不利于避雷器早期故障的检测，可以用于不是很重要的避雷器检测或用于避雷器运行状况的初判。

2. 三次谐波法

三次谐波阻性电流 i_{R3} 与阻性全电流 i_R 存在比例关联，因此，可通过检测三次谐波阻性电流的大小，再通过比例转换，便可获得阻性全电流 i_R，这就是三次谐波法的原理，此方法又称为零序电流法。因为金属氧化物避雷器具有优秀的非线性特性，致使其泄漏电流中的阻性泄漏电流包括基波、三次、五次、七次和更高次的谐波，而且频次越高，所占比例越少。其中，对温度变化最敏感的为三次谐波，而且老化期间避雷器阻性电流早期的变化主要体现为三次谐波分量的增大。由此，依据避雷器阻性电流和各次谐波之间的比例关系（五次及以上的谐波含量很少，基本可以忽略），通过检测三次谐波阻性电流的大小，再通过比例转换，便可获得阻性全电流 i_R。

通过三相共同接地的小电流互感器可以测得零序电流。当电网中的电压不包含谐波时，三相泄漏电流中基波分量中 i_C 与 i_R 互相抵消，三相共同接地的引线中就只余下三次谐波零序电流 i_0。大小相当于三相中三次谐波电流之和。正常运行时，i_{R3} 数值很小，但当其中一相或者三相避雷器出现异常状况时，三相泄漏电流不均衡，零序电流 i_0 剧增，其中包含有泄漏电流基波成分，能够及时有效发现避雷器故障。其测量原理图如图 2.46 所示。

3. 容性电流补偿法

由于金属氧化物避雷器的非线性特性，在流过的阻性电流分量中，不仅含有基波分量，还含有三次谐波为主的奇次谐波分量。因此，为了测量泄漏电流的阻性分量，就必须在工频电压作用下从全电流中将容性电流补偿掉。在正常情况下，三相交流电源的各相电压是对称的，其相位角为 $120°$，如图 2.47 所示。这样，任何一相的相电压与另外两相的线电压自然地互为正交关系，在运行电压作用下，任何一相泄漏电流的容性分量与另外两相的线电压成同相或反相关系。用电压与电流的相位关系可实现对容性电流分量的补偿，从而测出避雷器泄漏电流中的阻性分量。

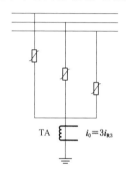

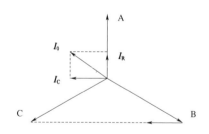

图 2.46　三次谐波法测量原理图　　　　图 2.47　三相交流电源相位角

4. 基波法

基波法是利用阻性基波电流是一个定值的原理，运用数字滤波分析技术，提取基波电压、电流，将基波电流投影到基波电压上获取基波电流中的阻性电流分量，从而得到避雷器阻性电流的大小，判断避雷器的运行工况。具体测量时，利用 TV 得到电网的电压信号，用 CT 钳在避雷器的接地线上，经过计算得到避雷器泄漏电流的基波值。基波法的优点主要有易排除相间干扰，精确度相对较高，受电网谐波影响很小。缺点主要有获取的电压、电流存在相角偏差且需要处理的数据量很大，对处理器的要求较高。

5. 波形分析法

波形分析法，运用数字谐波分析技术获取基波电压、电流，运用傅里叶变换对同步检测到的电流和电压信号进行波形分析，得到阻性电流和电压各次谐波的相角和幅值，得出阻性电流基波分量和各次谐波分量，并求得波形的峰值和有效值等参数。波形分析法的优点主要有原理清楚,可有效测量阻性电流基波分量和高次谐波分量,可以较为准确地判断避雷器的运行状况及性能下降原因,缺点主要是受相间干扰影响。

以上几种避雷器泄漏电流带电检测方法优缺点见表 2.2。

表 2.2 避雷器泄漏电流带电检测方法的优缺点比较

测试方法		优 点	缺 点
全电流测试法		不需要电压参考量;测试方法简单,易实现在线监测	不易发现早期老化缺陷
阻性电流检测法	三次谐波法	不需要电压参考量;测量方便、操作简便	电网谐波影响较大。不适用于电气化铁路沿线的变电站或有整流源的场所
	容性电流补偿法	需要测取电压参考量;原理清楚,方法简便	受相间干扰及电网谐波影响较大
	基波法	需要测取电压参考量;原理清楚,操作简便	受相间干扰影响;不能有效地反映避雷器电阻片的老化情况
	波形分析法	需要测取电压参考量;原理清楚,可有效测量阻性电流基波和高次谐波分量,可以较为准确地判断避雷器的运行状况及性能下降原因	受相间干扰影响

注 如今微型计算机在仪器设备中得到广泛应用,从测量精度等多方面考虑,现场检测推荐波形分析法。

2.4.2.2 检测装置

避雷器泄漏电流带电检测仪构成及功能如图 2.48 所示,测试引线将避雷器泄漏电压或电流信号输入避雷器泄漏电流带电检测仪,检测仪器可进行采集、处理和分析信号数据。通过检测流经避雷器的全电流、阻性电流值、功率损耗,以及阻性电流基波及 3、5、7 次谐波分量,实现对避雷器绝缘状态的诊断。

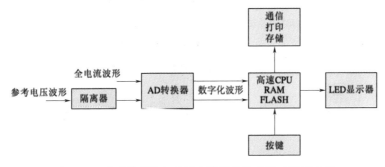

图 2.48 避雷器泄漏电流带电检测仪构成及功能示意图

2.4.3　变压器铁芯接地电流带电检测技术及装置

2.4.3.1　检测原理

当变压器正常运行时，因为铁芯内无电流回路形成，所以接地线上的电流很小，多为毫安级，多数情况不超过 0.1A；当出现多点接地现象时，接地线上电流过大，铁芯主磁通周围相当于有短路匝的情况存在，流过的环流由故障发生点与正常接地点的相对位置决定，即短路匝中包含磁通的多少，一般可达几十安培。这样经过测量接地引线中的电流大小，可以很准确地判别出变压器铁芯有没有多点接地故障情况。测量铁芯接地电流是最迅速、最直接、最灵敏的判断变压器是否多点接地的方法。

2.4.3.2　检测装置

1．钳形电流表

钳形电流表（图 4.49）使用方便，无须断开电源和线路即可直接测量运行中电气设备的工作电流，便于及时了解设备的工作状况。

2．变压器铁芯接地电流检测仪

铁芯接地电流检测仪实物图见图 2.50，使用方法如下：

（1）以图 2.50 所示铁芯接地电流检测仪为例，铁芯接地电流检测仪主要分为两部分，分别是主机（检测仪）和电流钳（卡钳）。电流钳很简单，由钳型电流互感器及连接线组成。

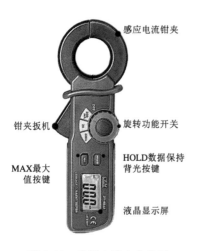

感应电流钳夹

钳夹扳机

旋转功能开关

MAX最大
值按键

HOLD数据保持
背光按键

液晶显示屏

主机（检测仪）

电流钳（卡钳）

充电器

图 2.49　钳形电流表实物图　　图 2.50　铁芯接地电流检测仪实物图

（2）技术参数：

1）测量范围：电流 $0\sim10000mA$、频率 $20\sim200Hz$；

2）最小分辨率：不大于 $1mA$；

3）测量精度：1% 或 $\pm1mA$（测量误差取两者最大值）。

（3）使用条件：

1）环境温度：$-10\sim50℃$；

2）环境湿度：不大于 $85\%RH$；

3）充电器输入：$AC\ 220V/50Hz$；

4）充电器输出：$DC\ 8.4V/1000mA$。

2.4.4　电缆外护层接地电流检测技术

2.4.4.1　检测原理

对于高压电缆而言，将金属护套进行接地是保证高压电缆正常运行的必要条件，只有可靠接地才能抑制护套中产生的感应电流，为了减小金属护套中产生的感应电流，通常要将高压电缆的金属护套进行单端接地、双端接地或者是交叉互联后进行接地，以此来保证在高压电缆正常运行的时候，护套中产生的感应电流很小，甚至为 0。当高压电缆发生故障时，护套中的接地电流就会发生明显的变化，电流可达线芯电流的 $1/20\sim1/10$，最大时甚至可能接近线芯电流的大小。接地电流检测法就是利用高压电缆护套感应电流在正常运行的时候很小，可当电缆发生故障的时候会有明显增加的这一特点对高压电缆进行检测的。

2.4.4.2　检测装置

基于金属护层感应环流的检测装置系统硬件设备包括传感器、信号调理器、DSP 控制系统及与计算机等，如图 2.51 所示。

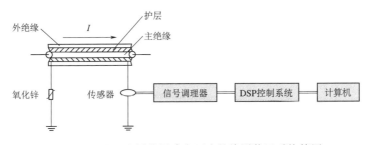

图 2.51　基于金属护层感应环流的检测装置系统简图

手持式电缆外护层接地电流检测仪实物图如图 2.52 所示，主机（检测仪）面板和钳形互感器（卡钳）如图 2.53、图 2.54 所示，其中钳形互感器（卡钳）包括：电流钳、扳机、输出引线、插头。

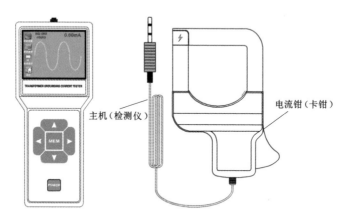

图 2.52　手持式电缆外护层接地电流检测仪实物图

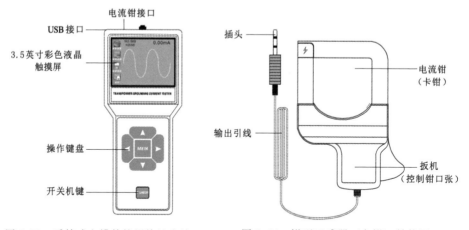

图 2.53　手持式电缆外护层接地电流　　图 2.54　钳型互感器（卡钳）结构图
检测仪主机实物图

主机：采集并实时显示被测电流的大小及波形，并可设定报警临界值，进行报警指示。监控软件：具有在线实时监控与历史查询功能，动态显示，波形指示；具有报警值设置及报警指示；具有历史数据读取、查阅、保存、打印等功能。

2.5 振动声学检测技术

2.5.1 检测原理

电力设备在正常运行、动作存在缺陷及故障中均会产生振动。振动不仅包括电力设备的机械振动，还包括因静电力或电磁力作用而引起的振动，如带电微粒在电场作用下对设备的撞击，以及电力设备内部局部放电引起的微弱振动等。当设备存在缺陷与故障时，电力设备所产生的振动声学信号会有所变化，振动声学检测据此实现对电力设备的状态评估与故障检测。

振动声学检测根据频率的不同可分为三类：振动信号检测、可听声检测及超声波检测。本节主要介绍振动和可听声的检测，超声波检测主要针对的是局部放电的检测，已在 2.1.4 节进行了介绍，这里不再赘述。

2.5.2 检测装置

振动声学检测包括振动信号检测和可听声学检测。检测装置由传感器与检测主机构成，传感器完成信号的变送和预处理，检测主机包括信号传输、数据采集与数据处理。

2.5.2.1 振动检测

振动信号检测系统一般由振动传感器与测试分析仪组成，具有数据采集、数据处理、数据储存、数据显示与数据传输等功能，振动测试分析仪如图 2.55 所示。

工作频带：单位为 Hz，表示检测系统能够识别的频率范围。

采样频率：单位为 Hz，表示每秒从连续信号中提取并组成离散信号的采样个数。

测量参数：表示测量系统能够采集的物理量，包括位移、速度、加速度等。

满刻度值：单位为 V 或 mV，表示所能采集的信号的最大的值。

A/D 位数：表示数模转换后输出的数字信号位数。

图 2.55 振动测试分析仪

存储容量：表示能够存储数据的容量。

振动传感器按所测量物理量可分为位移传感器、速度传感器、加速度传感器。在电气设备振动检测领域压电式加速度传感器应用较为广泛。

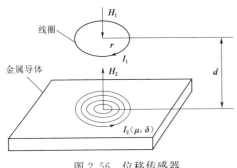

图 2.56　位移传感器

位移传感器（图 2.56）主要为电涡流式，按电磁感应原理设计。通过向传感器头部线圈通入高频电流产生高频磁场，磁场在待测金属体表面产生感应电流，该感应电流产生的电磁场又穿过原线圈，对线圈等效阻抗产生影响，在其他条件不变的情况下，可以认为该阻抗仅与金属导体之间的间隙值有关，则距离可以通过阻抗的变化转换为电压显示出来。

速度传感器（图 2.57）由永磁体和线圈组成，在振动时内部线圈与永磁铁产生相对运动，因为电磁感应原理使线圈内有电压输出，输出电压与振动速度成正比，因此被称为速度传感器。

加速度传感器分为压电式、电容式及压阻式。而在电气设备振动检测领域压电式加速度传感器应用较为广泛。

压电式加速度传感器（图 2.58）利用压电陶瓷或压电晶体的压电效应（电介质在沿一定方向上受到外力的作用而变形时，其内部会产生极化现象，同时在它的两个相对表面上出现正负相反的电荷。当外力去掉后，它又会恢复到不带电的状态）工作。当加速度传感器受力振动，其内部压电晶体发生形变，进而在压电晶体表面产生电压。由于压电效应，所产生的电压与所受的力成正比，受力的变化又与被测加速度成正比，故被称为加速度传感器。

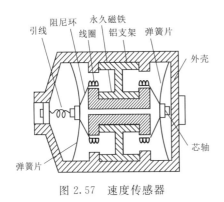

图 2.57　速度传感器

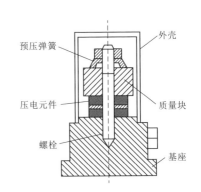

图 2.58　压电式加速度传感器

振动传感器主要技术指标有：灵敏度、量程、频率响应范围以及频率响应曲线。由于压电式加速度传感器应用较为广泛，因此以它为例。

灵敏度单位为 mV/g 或 mV/(m/s^2)，表示每 1 重力加速度或 1m/s^2 加速度下输出的电压。

量程单位为 g 或 m/s²，表示传感器能够测量到的加速度的范围。

频率响应范围单位为 Hz，表示传感器能够测量到的频率范围。

频率响应曲线指的是增益随频率的变化曲线，用于描述不同频率信号间处理能力的差异，如图 2.59 所示。为了记录方便，横坐标的标尺为对数型的，纵坐标则是线性的。

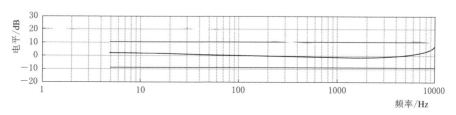

图 2.59　压电式加速度传感器频率响应曲线

2.5.2.2　可听声检测

对可听声的测量可分为声压法与声强法，声压法使用传声器即麦克风对设备的声压进行测量，麦克风按工作原理可分为动圈式、电容式及铝带式，一般在现场电容式麦克风应用较多。

电容式麦克风有两块金属振膜作为电容器，同时辅以电能供应，当声波产生的振动使两块金属振膜的间距发生变化时，该电容的电容量也会发生变化，从而使声信号转化为电信号。其工作原理如图 2.60 所示。

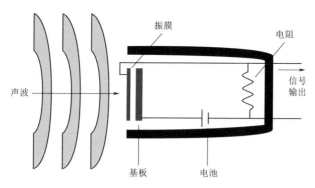

图 2.60　电容式麦克风工作原理

声强法使用声强探头对设备的声强进行测量，声强是单位时间内与声波垂直方向上单位面积的声能，其数值大小可以用该声质点的声压级与速度求得。声强探头目前有 p-u 与 p-p 两种，由于在测试环境不是很稳定的条件下很难对质点的速度进行测量，因此 p - u 法应用较少。

p - p 法声强探头由两个传声器构成，测量时首先对两个传声器得到的声压信号进行处理，得到质点的速度，而后对声压和质点的速度求积，进而得到该点声强。目前 p - p 法声强探头有对置式、并列式、串联式、背置式四种，如图 2.61 所示。

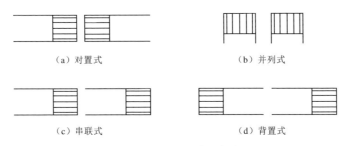

（a）对置式　　　　　　　　　　　　（b）并列式

（c）串联式　　　　　　　　　　　　（d）背置式

图 2.61　p - p 法声强探头

传声器主要技术指标有灵敏度、频率范围及频率响应曲线。对于电容式传感器，动态范围也十分重要。

灵敏度单位为 mV/Pa 或可用 dB 表示，为传感器处于某一声压级时其输出的电压。

频率范围单位为 Hz，表示传感器能够检测到的频率的范围。

频率响应曲线横坐标单位为 Hz，纵坐标单位为 dB，定义了传感器可以重现的声音频率范围以及在该范围内的灵敏度，如图 2.62 所示。

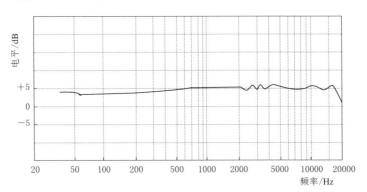

图 2.62　麦克风频率响应曲线

p - p 法声强探头主要技术指标有传声器对间隔器尺寸、传声器对灵敏度级、传声器对测量上限及传声器对之间的相位差等。

传声器器对间隔器尺寸单位为 mm，间距不同，对应的频率响应范围也不同。

传声器对灵敏度级单位为 dB，表示声强探头对对声强的响应。

传声器对测量上限单位为 dB，表示声强探头的测量上限。

传声器对之间的相位差单位为（°），表示声强探头测量相位的误差。

一般使用声压法对电力设备可听噪声进行测试。可听噪声信号检测系统与振动信号检测系统功能类似，但容易受现场噪声环境的干扰。它的参数主要有线性测量范围、频率范围、A/D 位数、测量上限等，声级计如图 2.63 所示。

线性测量范围：单位为 dB，表示能够线性测量的声音大小范围。

频率范围：单位为 Hz，表示仪器能够测量的频率范围。

A/D 位数：表示数模转换后输出的数字信号位数。

测量上限：表示所能测量的最大声音的大小。

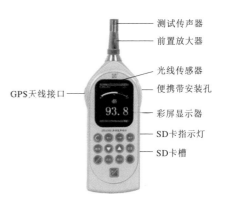

图 2.63　声级计

第3章 电力设备带电检测技术

本章介绍对变压器、套管、互感器等九类电力设备的当前主要开展的带电检测技术。重点介绍了每项带电检测技术对该类设备的优势与不足，可发现缺陷、重点检测部位、异常识别方法等内容。

3.1 变压器带电检测技术

电力变压器是电力系统的重要组成部分，其正常运行对电力系统的运行至关重要。大型变压器的停运和修复会造成很大的经济损失，尤其是大型油浸式变压器，发生过多起着火事故，造成了巨大的损失。因此，对变压器加强带电检测或在线监测，是非常必要的。

变压器带电检测项目及周期见表 3.1〔周期依据《输变电设备检修试验规程》（Q/GDW 1168）〕。

表 3.1　　　　　　　　变压器带电检测项目及周期

变压器类型	带电检测项目	周　　　期
油浸式电力变压器	油中溶解气体分析	1.330kV 及以上：3 月 2.220kV：半年 3.35～110（66）kV：1 年
	红外热像检测	1.330kV 及以上：1 月 2.220kV：3 月； 3.110（66）kV：半年 4.35kV 及以下：1 年
	铁芯接地电流检测	1.220kV 及以上：1 年 2.110（66）kV 及以下：2 年

变压器类型	带电检测项目	周　　期
油浸式电力变压器	高频局部放电检测	1.1000kV：6 个月 2. 其他：必要时
	超声波局部放电检测	必要时
	特高频局部放电检测	必要时
	机械振动带电检测	必要时
SF₆ 变压器	红外热像检测	1.110（66）kV 及以上：半年 2.35kV 及以下：1 年
	铁芯接地电流检测	1 年
	SF₆ 气体湿度带电检测	1 年
	SF₆ 气体分解物检测	必要时
	高频局部放电检测	必要时
	超声波局部放电检测	必要时
	特高频局部放电检测	必要时
	机械振动带电检测	必要时
干式变压器	红外热像检测	1.110（66）kV 及以上：半年 2.35kV 及以下：1 年
	高频局部放电检测	必要时
	特高频局部放电检测	必要时

由于变压器结构复杂，目前还无一种有效手段能解决所有问题，诊断变压器状态，需要多种手段融合分析。

3.1.1　油中溶解气体分析

油中溶解气体分析（dissolved gas analysis，DGA）是油浸式变压器内部缺陷最重要的检测手段。通过对变压器油中的溶解特征气体进行分离、检测，基于三比值法、大卫三角形等分析方法，可实现对变压器早期故障的诊断和预警。其优点是灵敏度高、检测缺陷种类多，对变压器器身内的大多数缺陷都能发现，不受周围电磁环境影响，可对缺陷性质进行定性分析；缺点是无法对缺陷进行准确定位。另外，油循环和特征气体溶解平衡时间较长。油中溶解气体分析适用于长期潜伏性缺陷的早期检测，而对快速发展的缺陷无能为力。

油中溶解气体分析的关键点是油气分离和气体检出技术，根据气体分离/检出方式的不同，常见的检测方法包括气相色谱法、光声光谱法。气相色谱法应用成熟，测试准确，是溶解气体分析的主要手段，不少单位习惯将"色谱"作为油中溶解气体分析的代名词。光声光谱法无须载气，检测速度快，寿命长，在油中溶解气体在线监测领域显示出了优势。

目前，变压器油中溶解气体分析检测主要按照《绝缘油中溶解气体组分含量的气相色谱测定法》（GB/T 17623—2017）这一标准执行。故障类型判断方法主要有特征气体法、三比值法、大卫三角形法，以及利用 CO 和 CO_2 判断设备固体绝缘状况，利用溶解平衡法分析气体继电器报警等。具体数据分析方法见《变压器油中溶解气体分析和判断导则》（DL/T 722—2014）。

3.1.2　变压器红外热像检测技术

变压器红外热像检测可发现套管的各种缺陷、升高座内套管式电流互感器故障、升高做内引线接触不良、油箱磁屏蔽异常、油管路不通等缺陷，并可观察油枕油位（胶囊或隔膜式油枕）。优点是准确度高，非接触式远距离检测，检测结果直观；缺点是无法检测变压器器身内部的局部缺陷。

变压器红外热像检测检测部位包括本体、套管、套管升高座、冷却器、储油柜（油枕）。套管检测详见 3.2 节。

1. 本体常见故障类型及典型热像图

（1）变压器强油循环未打开或损坏。可观察变压器本体温度是否存在上热下冷的温度梯度分布，若横向比较有明显温度差异，则要检查强油循环是否打开或损坏、冷却器是否因脏污等导致散热效果降低，典型图如图 3.1 所示。

图 3.1　三相温度分布不一致，强制油循环没打开

（2）漏磁引起的本体局部发热。可能为变压器油箱等部位因内屏蔽不好漏磁、涡流损耗导致的局部发热，典型图如图 3.2、图 3.3、图 3.4 所示。

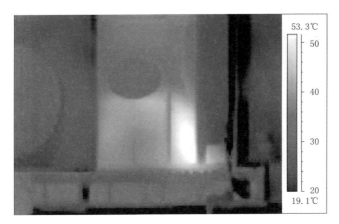

图 3.2 变压漏磁通在油箱上引起涡流损耗发热

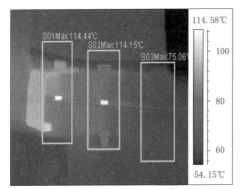

图 3.3 220kV 主变压器本体螺栓发热

图 3.4 变压器环流引起部分连接

2. 套管升高座常见故障类型及典型热像图

升高座内套管式电流互感器二次线圈开路、套管下方接线端子接触不良或引线断股等，会使套管升高座三相之间出现明显温度差异，典型图如图 3.5 所示。

3. 储油柜（油枕）常见故障类型及典型热像图

（1）储油柜阀门关闭。检测联管阀门两侧温度，若温度差异较大，应查明储油柜至本体油管阀门是否关闭，典型构图如图 3.6 所示。

（2）储油柜油位低。检测本体及储油柜的油位是否正常。

（3）储油柜胶囊破损。正常油枕油液面为清晰的水平分界面，如图 3.7（a）所示。如果油枕整体温度低，油枕入口处有温度分界线，则可能为胶囊破损，如图 3.7（b）所示，油枕胶囊破损脱落，整体温度低于正常相。

图 3.5　66kV 主变套管升高座发热，C 相套管升高座下部引线断股

图 3.6　220kV 主变油枕阀门两侧温差较大，阀门未开

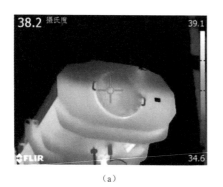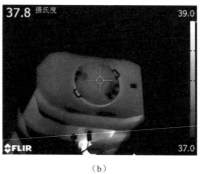

（a）　　　　　　　　　　　　　（b）

图 3.7　油枕胶囊破损

3.1.3 变压器高频局部放电检测技术

变压器内部存在局部放电缺陷时，局放信号会通过变压器铁芯、夹件、套管末屏等耦合到接地线上。高频脉冲电流法就是通过在铁芯、夹件、套管末屏接地线及箱体接地上装设高频电流传感器（多为罗氏线圈原理的高频 TA），来进行检测这些接地线中由局放引起的高频电流信号（3～30MHz），判断内部是否存在故障。变压器高频局放检测示意图如图 3.8 所示。

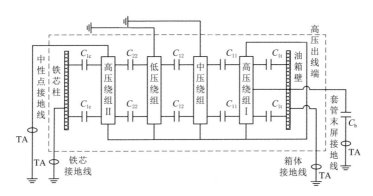

图 3.8　变压器高频局放检测示意图

高频脉冲电流法的优点是传感器安装方便，灵敏度高，可标定视在放电量，可对放电源的电气位置进行定位。但是由于目前多数变压器套管末屏未引出接地，仅能通过铁芯、夹件接地引下线进行检测。在这种情况下，无法对视在放电量进行标定（仅在铁芯、夹件部位标定的结果无意义），无法对放电源电气位置进行定位。另外，仅通过铁芯夹件部位检测，对变压器器身上的局部放电灵敏还较高，但是对于高压出线装置等距离铁芯夹件较远部位的放电，灵敏度较低，难以发现初期局部放电缺陷。

高频脉冲电流法检测的缺点是抗干扰能力较差，容易受地网脉冲电流信号的干扰。因此，对干扰信号的识别排除成为高频局部放电检测的最关键环节之一。

高频局部放电检测抗干扰方法主要有下述三种。

1. 基于时频分布图的聚类方法

基于时频分布图的聚类方法就是将采集到的局放信号，根据等效时长和等效频率进行分类，将每一类信号单独分析，从而对噪声剔除，对放电源识别的方法。基本原理如图 3.9 所示。

2. 极性鉴别法

极性鉴别法是通过比较变压器铁芯、夹件、套管末屏、中性点、外壳接地

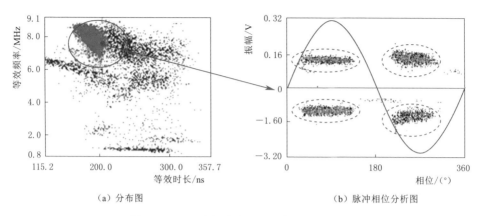

（a）分布图　　　　　　　　　　　　（b）脉冲相位分析图

图 3.9　基于时频分布图的聚类方法原理图

等部位高频脉冲信号极性关系，对信号进行识别的方法。

变压器高低压绕组之间放电、高压绕组纵绝缘放电时高频电流路径如图 3.10 和图 3.11 所示。

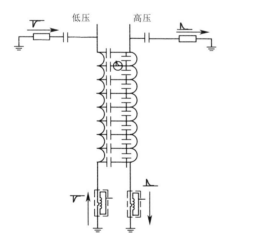

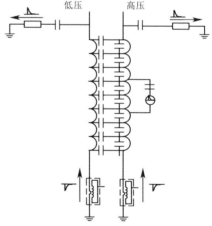

图 3.10　变压器高低压绕组之间发生放电，高低压套管末屏信号极性相反

图 3.11　变压器高压绕组纵绝缘发生放电绕组首尾端信号极性相反

3. 多类型传感器融合分析法

多类型传感器融合分析法（图 3.12）是通过高频脉冲电流与超声波信号或高频脉冲电流与特高频信号进行关联分析，确定有无同源的信号，然后利用超声或特高频确定信号源位置的一种方法。

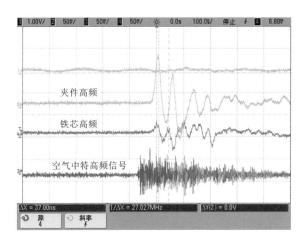

图 3.12 多类型传感器融合分析

3.1.4 变压器超声波局部放电检测技术

超声检测法通过固定在变压器油箱壁上的超声传感器接收变压器内部局放产生的超声波信号（70～300kHz），检测局放的大小和位置，如图 3.13 所示。由于变压器在正常运行的过程中会产生较大的振动信号，故其对系统的抗干扰及分离噪声能力提出了很高的要求。

图 3.13 变压器超声波局部放电带电检测

超声法的抗干扰能力很差，不适用于变压器的在线监测，同时超声波传感器无法布置在变压器套管处，无法检测套管的局部放电。另外超声波对于绕组内部的局部放电，检测灵敏度较低，但是对于出线装置部位的放电，灵敏度高，检测效果较好。因此超声波法检测时，重点布置在套管下方接线端子附近及引线较多的部位，检测到局部放电时，进行辅助分析。

3.1.5　特高频局部放电检测技术

特高频局部放电检测是通过检测变压器内部局放产生的特高频（300～3000MHz）电磁信号，实现局部放电的检测和定位，如图 3.14 所示。由于变压器整体金属密封结构，特高频法检测时，受到的干扰少，检测准确性高；如有 4 个以上不同部位的传感器检测到信号，还可以实现放电源的空间定位。

特高频局部放电检测往往需要内置式特高频传感器，内置式特高频传感器主要有油阀式和法兰盘式两种，用于检测变压器内部的局部放电信号。油阀式将传感器从变压器放油阀处探入变压器内部安装，法兰盘式传感器需要在器身箱壁上提前预设传感器法兰。

图 3.14　变压器内置式特高频传感器

实际应用中，油阀式特高频传感器灵敏度和抗干扰能力较差。法兰盘式特高频传感器检测灵敏度高，抗干扰效果好。但是部分变压器厂家认为法兰盘式特高频传感器会改变电场场强分布，造成设备故障，因而还处于进一步研究之中。

目前，500kV 智能变电站的变压器内部普遍预留了 1 个内置特高频传感器，用于对变压器开展特高频带电检测或在线监测。

3.1.6　变压器铁芯接地电流检测技术

铁芯接地电流检测可发现变压器运行中是否存在铁芯、夹件绝缘不良的问题，避免铁芯夹件多点接地，产生环流，造成铁芯烧损。通过波形分析，还可诊断铁芯夹件绝缘不良的性质。

目前，电力运行单位对于变压器铁芯接地电流检测和监测的管理中，大都采取手持式钳形电流表进行检测以及加装铁芯接地电流在线监测装置等方法，这些检测方法可以及时、便捷和较为准确地检测出变压器铁芯的接地电流，除此之外，一些专用的铁芯接地电流检测仪器和装置也越来越多地得到了推广和应用。对运行中的变压器进行铁芯接地电流的检测和监测，能够及时发现铁芯多点接地引起的接地电流变化，是防范铁芯多点接地故障的最直接、最有效的方法。

3.2 高压套管带电检测技术

高压套管主要用于变压器、电抗器、断路器等电力设备进出线和高压电路穿越墙体等的对地绝缘。高压套管可分为干式套管、SF$_6$气体绝缘套管、充油式套管和油浸纸（胶浸纸）电容式套管。

套管常见缺陷主要有接线端子接触不良发热，外绝缘脏污或破损产生局部放电、内部绝缘受潮、老化或存在局部放电、电容式套管末屏接地不良、充油式套管或油浸纸电容式套管漏油等。主要带电检测项目有红外热像检测、紫外放电检测、高频局部放电检测、相对介质损耗因数及电容量带电检测等。

3.2.1 红外热像检测技术

红外热像检测是套管最主要、最有效的一项带电检测手段。套管红外热像检测部位主要包括套管接线端子、套管本体、套管末屏。可发现接线端子接触不良发热，内部绝缘受潮、老化及严重局部放电、电容式套管末屏接地不良、充油式套管或油浸纸电容式套管漏油等缺陷。

（1）套管将军帽接线板与引线的外连接或内部导电杆连接处接触不良引起的发热。检查套管将军帽、将军帽引线接头三相之间是否有明显温度差异，参考《带电设备红外诊断应用规范》（DL/T 664—2016）中电流致热型套管判断标准进行诊断，典型图如图 3.15、图 3.16 所示。

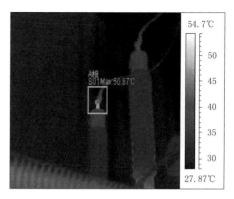

图 3.15　接头接触不良

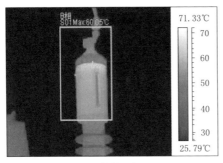 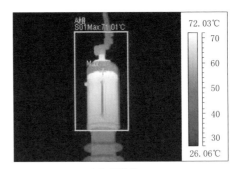

（a）接触不良　　　　　　　　　　　　　　（b）正常相

图 3.16　内转接接触不良

（2）套管缺油。若套管存在明显油位分界面，可初步判断套管缺油。缺油部分的温度比充油部分低，对三相套管进行比较，避免因套管内部绝缘或外部瓷套管材质不一引起的误判，典型图如图 3.17、图 3.18 所示。

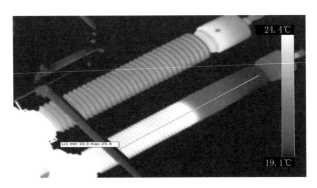

图 3.17　高压套管漏油

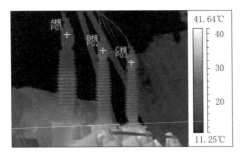 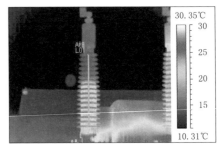

图 3.18　套管缺油

（3）套管上部气体存气，典型图如图 3.19 所示。

（4）套管末屏接地不良，导致套管末屏接地发热。套管末屏引线接头有无发热，典型图如图 3.20 所示。

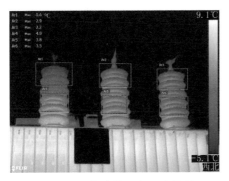

图 3.19 A 相套管上部温度偏低，
充油时未将气体放尽

图 3.20 套管末屏接地不良

3.2.2 紫外放电检测技术

紫外放电检测可发现套管外瓷套破损及表面严重污秽、复合绝缘伞裙破损、粘结不良等缺陷，以及套管顶端引线断股、散股、均压环表面损伤等缺陷，具有灵敏度高、分辨率和抗干扰能力好，直观的定位放电位置等优点。但是无法反映套管内部放电，这项不足使得紫外检测技术难以成为套管带电检测的核心技术。

图 3.21 特高压绝缘套管表面放电现象

3.2.3 相对介质损耗和电容量检测技术

对于电容式套管，可通过电容量及介损带电检测发现套管主绝缘老化、受潮、电容局部击穿等缺陷。

套管介损和电容量带电检测，需要获取施加在套管上的电压及流过套管末屏的接地电流。获取施加在套管上的电压，需要在运行中接取电压互感器二次电压，存在较高风险。同时受电压互感器角差及环境影响大，测量结果变化较大，难以准确判断。

相对介质损耗因数及电容量比值测量法可弥补这一不足。它是选择一台与被试设备并联的其他电容型设备作为参考设备，测量在其设备末屏接地线或者末端接地线上的电流信号，通过两电气设备电流信号的幅值比和相角差来获取相对介质损耗因数及电容量的一种带电检测方法。由于该方式不需采用 TV（CVT）二次侧电压作为基准信号，故不受到 TV 角差变化的影响；操作安全，避免了 TV 二次端子上接线造成二次侧短路的故障风险；受环境因素影响较小。

3.2.4　高频局部放电检测技术

套管高频局部放电检测是在套管末屏接地引下线上安装高频电流传感器（一般为开口式钳形高频 TA），检测套管末屏接地线上的高频局放信号（3～30MHz）。对于变压器套管而言，进行高频局部放电检测，不仅可判断高压套管内部有无局部放电现象，也可判断变压器内部有无局部放电现象。与在铁芯夹件部位的高频局放信号相比，套管末屏局放监测对绕组高压部位的放电检测灵敏度更高，且可利用各套管间信号极性和幅值传递关系，实现局放信号电气定位。

套管高频局部放电检测与电容量及介损带电检测，都需要将末屏引出接地。受制于当前多数套管末屏未实现引出接地，其应用范围较小。针对这一现状，有些单位推出了套管末屏一体化传感器。该传感器包含了高频电流传感器和工频电流传感器，在不改变套管末屏接地方式的前提下，可以测量套管介损、电容量以及局部放电，实时检测（监测）套管运行状态，将会成为套管最有效的监测手段。

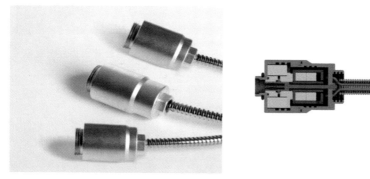

图 3.22　套管末屏一体化传感器

3.3　电流互感器带电检测技术

电流互感器的作用是将一次回路大电流成正比地变换为二次回路的小电

流，以供给测量仪表、继电保护和自动装置使用。电流互感器按主绝缘介质可分为油纸绝缘电流互感器（包括油纸链式绝缘电流互感器和油纸电容式绝缘电流互感器）、气体（SF_6）绝缘电流互感器、树脂（户内或户外）绝缘和有机绝缘电流互感器；按电流变换原理可分为电磁式电流互感器和电子式电流互感器。

电流互感器常见绝缘缺陷包括：设备渗漏油（气）、绝缘油（气）受潮劣化、内部存在绝缘缺陷产生局部放电、绕组对地绝缘受潮劣化、绕组纵绝缘受潮劣化、高低压引出线接触不良等。主要带电检测技术有红外热像检测技术、高频局部放电检测技术（油纸电容型）、相对介质损耗和电容量检测技术等。由于电流互感器取油样（取气样）接口位置高，感应电强，一般不在带电状态下取油样（SF_6 气体）进行分析。

3.3.1 电流互感器红外热像检测技术

电流互感器红外热像检测是电流互感器最主要、最有效的一项带电检测手段。电流互感器红外热像检测部位主要包括电流互感器接线端子、本体、末屏，可发现接线端子接触不良发热、内部绝缘受潮、老化及严重局部放电、末屏接地不良、充油式电流互感器或油浸纸电容式电流互感器漏油等缺陷。

（1）电流互感器接线端子与引线的连接处接触不良引起的发热。检查接线端子与引线的连接处三相之间是否有明显温度差异，参考《带电设备红外诊断应用规范》（DL/T 664—2016）中电流致热型套管判断标准进行诊断，典型图如图 3.23、图 3.24 所示。

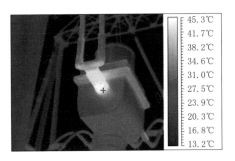
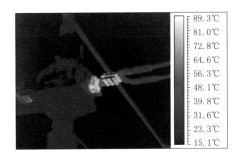

图 3.23　接线端子接触不良　　　　图 3.24　接线端子接触不良

（2）电流互感器本体异常发热。电流互感器二次绕组位于互感器头部或底部箱体内，若内部发生绝缘受潮、老化、严重局部放电等，会引起温差变化。典型图如图 3.25～图 3.27 所示。

图 3.25　倒置电流互感器箱体发热

图 3.26　电流互感器箱体发热

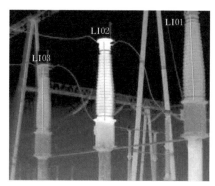

图 3.27　电流互感器本体发热

3.3.2　电流互感器高频局部放电检测技术

电流互感器高频局部放电检测可以检测判断电流互感器中的局部放电缺陷。电容式绝缘电流互感器高频局部放电检测接线如图 3.28 所示。

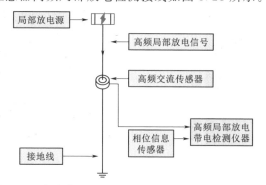

图 3.28　电容式绝缘电流互感器高频局部放电检测接线

根据不同的电力设备及现场情况选择适当的测试点，保持每次测试点的位置一致，以便于进行比较分析；电容式电流互感低压引出端（N 端）安装高频局部放电传感器和相位信息传感器，设备电流方向应与传感器的标注要求一致。对于异常的检测信号，可以使用诊断型仪器进行进一步的诊断分析，也可以结合其他检测方法进行综合分析。

3.3.3 电流互感器相对介质损耗因数和电容量检测技术

油纸电容型电流互感器相对介质损耗因数和电容量检测只能对电容型互感器分压电容进行检测。选择停电例行试验数据比较稳定、与被试设备处于同一母线或直接相连母线上的其他同相设备时，宜选择同类型电容型设备。相对介质损耗因数和电容量比值检测接线示意图如图 3.29 所示。

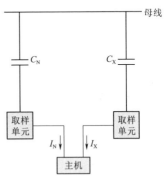

图 3.29 相对介质损耗因数和电容量比值检测接线示意图

同相设备介损测量值（$\tan\delta_X - \tan\delta_N$）与初始测量值比较，变化量不大于 0.003，电容量比值（C_X/C_N）与初始测量值比较，初值差不超过 $\pm 5\%$。处于同一单元的三相电容型设备，其带电测试结果的变化趋势不应有明显差异。必要时，可依照以下公式，根据参考设备停电例行试验结果，把相对测量法得到的相对介质损耗因数和相对电容量比值换算成绝对量，并参照电容型设备停电例行试验标准，判断其绝缘状况。

$$\tan\delta_{X0} = \tan(\delta_X - \delta_N) + \tan\delta_{N0} \tag{3.1}$$

$$C_{X0} = C_X/C_N \times C_{N0} \tag{3.2}$$

式中　$\tan\delta_{X0}$——换算后的被试设备介质损耗因数绝对量；

$\tan\delta_{N0}$——参考设备最近一次停电例行试验测得的介质损耗因数；

$\tan(\delta_X - \delta_N)$——带电测试获得的相对介质损耗因数；

C_{X0}——换算后的被试设备电容量绝对量；

C_{N0}——参考设备最近一次停电例行试验测得的电容量；

C_X/C_N——带电测试获得的相对电容量比值。

3.4　电压互感器带电检测技术

电压互感器的作用是将一次高电压变换为二次回路的低电压。电压互感器按工作原理划分，可分为电磁式电压互感器、电容式电压互感器和电子式电压互感器。电磁式电压互感器根据绝缘介质可分为干式和油纸绝缘、SF_6 气体绝缘，其中干式电压互感器目前多用于 35kV 及以下电压等级系统中。

电磁式电压互感器常见缺陷包括：设备渗漏油（气）、绝缘油（气）受潮劣化、内部存在绝缘缺陷产生局部放电（如绝缘支架开裂、材质不良或进水受潮）、绕组对地绝缘受潮劣化、绕组纵绝缘受潮劣化、高低压引出线接触不良等。

电容式电压互感器常见缺陷包括：电磁单元渗漏油、绝缘受潮劣化、内部的阻尼元件等部件损坏、电容单元渗漏油、电容老化或受潮、内部存在局部放电等。

电压互感器主要介绍的带电检测技术包括：红外热像检测技术、高频局部放电检测技术（电容型）、相对介质损耗因数和电容量检测技术等。

3.4.1　电压互感器红外热像检测技术

电压互感器红外热像检测是电压互感器最主要、最有效的一项带电检测手段。电压互感器红外热像检测部位主要包括电压互感器本体、中间变压器。可

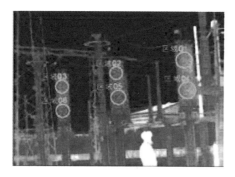

图 3.30　电磁式电压互感器绕组发热

发现内部绝缘受潮、老化及严重局部放电、末屏接地不良、中间变压器故障、电压互感器漏油等缺陷。

（1）电磁式电压互感器本体发热。整体温升偏高，且中上部温度高，受潮、介损增大导致温度分布异常。参考《带电设备红外诊断应用规范》（DL/T 664—2016）中电压致热型电磁式电压互感器判断标准进行诊断，典型图如图 3.30 所示。

（2）电容式电压互感器电容单元发热。本体电容屏间局部放电，介质损耗增加，会引起明显的温差变化。参考《带电设备红外诊断应用规范》（DL/T 664—2016）中电压致热型倒置电压互感器判断标准进行诊断，典型图如图 3.31 所示。

（3）电压互感器中间变发热。电压互感器下部中间变油箱内部中间变故障，末屏接地不良与箱壁放电等导致的发热，会引起明显的温差变化。参考导则 DL/T664 中电压致热型电压互感器判断标准进行诊断，典型图如图 3.32～图 3.34 所示。

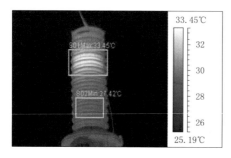

图 3.31　电压互感器本体发热

图 3.32　电压互感器中间变发热

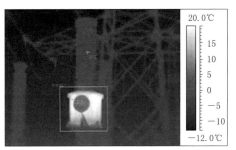

图 3.33　电压互感器中间变发热　　　　图 3.34　电压互感器中间变发热

3.4.2　电压互感器高频局部放电检测技术

对于电容尾端引出接地的电容式电压互感器，可使用高频脉冲电流法进行局部放电带电监测。电压互感低压引出端（N 端）安装高频局部放电传感器和相位信息传感器，设备电流方向应与传感器的标注要求一致。对于异常的检测信号，可以使用诊断型仪器进行进一步的诊断分析，也可以结合其他检测方法进行综合分析。

3.4.3　电压互感器相对介质损耗因数和电容量检测技术

电容型设备相对介质损耗因数和电容量比值检测只能对电容型互感器分压电容进行检测。选择停电例行试验数据比较稳定、与被试设备处于同一母线或直接相连母线上的其他同相设备，宜选择同类型电容型设备。同相设备介损测量值（$\tan\delta_X - \tan\delta_N$）与初始测量值比较具体内容见本章第三节电流互感器相对介质损耗因数和电容量比值检测。

3.5　氧化锌避雷器带电检测技术

氧化锌避雷器以其优秀的非线性伏安特性，以及造价低、无间隙、无续流、通流能力大、性能稳定等优点，在各电压等级电网中广泛应用。在正常工作电压下，氧化锌避雷器电阻很高，相当于绝缘状态，流过避雷器的泄漏电流数值很小。当有过电压出现时，氧化锌阀片电阻迅速降低，相当于导通状态，限制了过电压的幅值，释放了过电压的能量，此后氧化锌阀片又恢复高阻状态，使电力系统正常工作。

避雷器在制造、运输、安装及运行中，会因各种因素导致避雷器留有缺陷，导致避雷器发生故障。其中最常见的为受潮及老化。带电检测常用方法主要有避雷器泄漏电流检测以及红外热像检测，有怀疑时，可开展紫外放电检测和高频局部放电检测。

3.5.1　避雷器泄漏电流检测技术

金属氧化物避雷器泄漏电流是指施加持续运行电压下流过金属氧化物避雷器的电流。通常，在正常运行电压下流过金属氧化物避雷器本体的电流，称为全电流或持续运行电流，其由阻性电流和容性电流组成，阻性电流由各次谐波组成，其有效值或峰值表示为 I_{RX}、I_{RP}，X 表示谐波次数。

金属氧化物避雷器泄漏电流检测通常采用总泄漏电流法、三次谐波法（零序电流法）、阻性电流法。当金属氧化物避雷器内部受潮、金属氧化物阀片发生劣化时，避雷器的阻性电流会发生变化。但由于阻性电流仅占很小的比例，即使阻性电流已显著增加，全电流的变化仍不明显，因此监测全电流的方法灵敏度低，只有在 MOA 严重受潮或老化的情况下才能表现出明显的变化，不利于 MOA 早期故障的检测。三次谐波法理论成立的前提是系统电压不含谐波分量，因此该测量方法测量值受电网三次谐波影响较大，且该方法无法分辨哪一相避雷器出现异常。此外不同阀片间以及伴随着氧化锌阀片的老化，总阻性电流与三次谐波阻性电流之间的比例关系也会发生变化，故三次谐波法检测结果并不理想。因此，运行中检测避雷器阻性电流，是判断避雷器是否发生劣化最常用的方法。

避雷器泄漏电流检测要同时接取流过避雷器的泄漏电流及施加在避雷器上的电压。对于电流取样，可采用放电计数器短接法、钳形电流传感器法两种方式，见图 3.35。

1. 放电计数器短接法

若金属氧化物避雷器下端泄漏电流表为高阻型，则采用测试线夹将其短接，通过测试仪器内部的高精度电流传感器获得电流信号。

2. 钳形电流传感器法

若避雷器下端泄漏电流表为低阻型，则采用高精度钳形电流传感器采样，如图 3.35 所示。

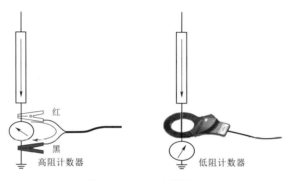

图 3.35　电流取样方式

电压取样，主要有互感器二次电压法、检修电源法、感应板法、末屏电流法等取样方式。

1. 二次电压法

电压信号取自与待测金属氧化物避雷器同间隔的电压互感器二次电压，其传输方式分为有线传输和无线传输方式 2 种。

2. 检修电源法

测取交流检修电源 220V 电压作为虚拟参考电压，再通过相角补偿求出参考电压，避免了通过测取电压互感器端子箱内二次参考电压的误碰、误接线存在的风险。若系统电压互感器端子箱是 Y/△－11 接线方式，检修箱内检修电源是△/Y－11 接线方式，二者存在一定角差，为获取准确的电压测量结果需测量 TV 二次电压和检修电源的角差后，方可执行。

3. 感应板法

将感应板放置在金属氧化物避雷器底座上，与高压导体之间形成电容。仪器利用电容电流做参考对金属氧化物避雷器总电流进行分解。其基本原理如图 3.36 所示，在交流电场中，感应板上会聚集电荷并产生感应电流，感应电流大小与母线电压成正比，与感应板到母线的距离成反比，相位超前母线电压 90°。

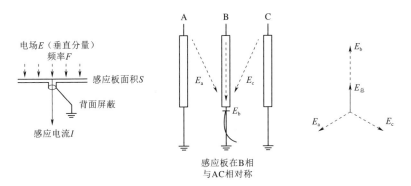

图 3.36　感应板取样方式原理图

由于感应板同时接收 ABC 电场。只有将感应板放到 B 相下面，且与 AC 相严格对称的位置上，AC 相电场才会抵消，只感应到 B 相母线电压。如果放到 AC 相下面都不会正确感应 AC 相母线电压。

由于感应板对位置比较敏感，该种测试方法受外界电场影响较大，如测试主变侧避雷器或仪器上方具有横拉母线时，测量结果误差较大。

4. 末屏电流法

选取同电压等级的容性设备末屏电流做参考量。容性设备可选取电流互感器、电容式电压互感器，接线方式如图 3.37 所示。

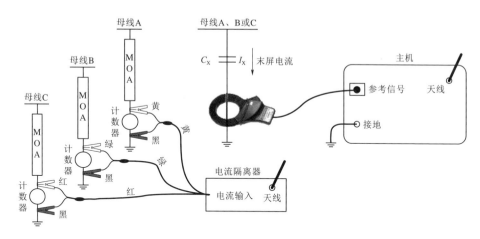

图 3.37　容性设备末屏电流取样方式接线图

在进行金属氧化物避雷器泄漏电流测试结果分析时，应综合全电流、阻性电流基波分量、阻性电流谐波分量、电压电流夹角等测量结果，判断金属氧化物避雷器运行状况。

（1）阻性电流的基波成分增长较大，谐波的含量增长不明显时，一般为污秽严重或受潮缺陷。

（2）阻性电流谐波的含量增长较大，基波成分增长不明显时，一般为老化缺陷。

（3）容性电流增加，避雷器一般发生不均匀劣化。避雷器有一半发生劣化时，容性电流增加最多。

3.5.2　红外热像检测技术

避雷器阀片老化、受潮，都会导致阻性电流增大，引起局部或整体温度升高。内部带均压原件的避雷器，如果某一节装反，也会因电压分布不均匀造成某一节温度升高。因此，红外热像检测对发现避雷器内部绝缘缺陷具有非常高的灵敏度。

由于避雷器内部绝缘缺陷时，引起的外部温升较小，因此，避雷器红外热像检测时，应满足精确测温的要求，即在风速小于 1.5m/s，阴天或日落两小时后进行。拍摄时，应调节焦距使图像轮廓清晰，避雷器充满画面，尽量取遮挡少的角度。拍摄图像应包括外部引线接头、瓷柱、底座，保持三相角度一致，温宽不宜超过±3K。

结果判断时，要注意相同部位三相横向比较，温度有 0.5～1K 的偏差，可判定为严重及以上缺陷。典型缺陷图如图 3.38、图 3.39 所示。

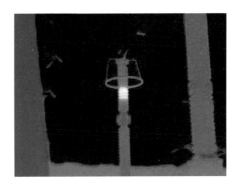

图 3.38　220kV 避雷器整体温度高　　　图 3.39　330kV 避雷器本体相间温差大于 10K

3.5.3　高频局部放电带电检测技术

避雷器高频局部放电带电检测是在避雷器尾端引下线上安装高频电流传感器，检测接地线上的高频局放信号（3～30MHz）。

当怀疑避雷器存在内部局部放电时，可采用高频脉冲电流法对避雷器进行局部放电检测。在检测过程中，干扰信号较多，往往需要结合其他手段综合分析，需要经验较丰富的人员进行诊断。

3.5.4　紫外放电检测技术

紫外放电检测可发现避雷器外瓷套破损及表面严重污秽、复合绝缘伞裙破损、粘结不良等缺陷，以及避雷器顶端引线断股、散股，均压环表面损伤等缺陷，具有灵敏度高、分辨率和抗干扰能力好，直观的定位放电位置等优点，但是无法反映避雷器内部放电。

3.6　气体绝缘金属封闭开关设备带电检测技术

气体绝缘金属封闭开关设备（Gas‐Insulated Metal‐enclosed Switchgear，GIS）通过将断路器、母线、进出线套管、隔离开关、接地开关、TV、TA、避雷器、电缆终端等装置安装在一个密闭空间里，充 SF_6 气体作为绝缘介质，增强了设备间的绝缘性能，大大减小了占地面积，在电力系统中得到大量应用。

大量的运行经验表明，虽然 GIS 的故障率小于普通变电站，可是 GIS 设备停电维修需要的时间成本远远超过普通变电站。因而加强 GIS 设备运行中状态检测，避免故障发生，对确保电网安全运行具有重要意义。

　　GIS 设备在运行中，导致设备故障更多的是内部接头过热以及内部放电。除此之外，气体泄漏、水分含量高等也对 GIS 设备的安全运行造成显著影响。主要带电检测方法有红外热像检测、特高频法局部放电带电检测、超声波法局部放电带电检测、SF_6 红外成像法检漏、SF_6 气体湿度检测、SF_6 气体分解物检测等。

3.6.1　红外热像检测技术

　　当 GIS 内部导体接触不良时，由于接触电阻变大，在负荷电流流过时会产生过热现象。导体过热会引起绝缘老化或者直接熔融破坏 GIS 内部绝缘，从而引发短路，形成重大事故，因此，加强 GIS 内部过热缺陷的检测和分析，研究评估其内部热缺陷严重程度的方法，对避免 GIS 发生过热故障以及保证电网的安全稳定运行具有重要的意义。

　　目前，红外热像检测导则中，还未有 GIS 内部过热缺陷诊断及严重程度评估指导意见。国网山东省电力公司等单位在不断探索中，总结形成了 GIS 内部过热的识别及严重程度判断方法，有效指导了现场工作的开展，多次成功发现严重隐患。

　　正常情况下，GIS 罐体温度均匀，无局部发热现象。罐体温度异常的判断方法如下：

　　（1）内部接头发热。内部接头发热时，水平布置的罐体，呈现以内部触头部位上端最热，温度向四周逐渐减小的热像特征；垂直布置的罐体，呈现接头所在罐体整体温度较高的热像特征。当温差大于 1K 时，可判断为严重缺陷，尽快安排停电检查。

　　（2）罐体环流引起的发热。呈现以法兰螺栓、法兰跨接片及三相短路片的连接面为最热的热像特征。部分三相互通的 SF_6 气室管路发热，也可能为罐体环流流过引起发热。罐体环流引起发热严重程度可按照 DLT664 电流致热型缺陷定性。

　　（3）罐体涡流发热。常见于钢材质外壳的 GIS 转角部位内侧，或在套管引出部位等磁场最高处。呈现以转角部位内侧温度最高，或套管引出法兰部位温度最高的热像特征。罐体涡流引起发热严重程度可按照 DLT664 电流致热型缺陷定性。

　　GIS 红外热像检测时，需要重点对断路器断口部位、隔离开关断口部位、母线导体对接部位、TV、TA、避雷器等部件部位进行检测，常见内部接头发热部位及热像图如图 3.40～图 3.44 所示。

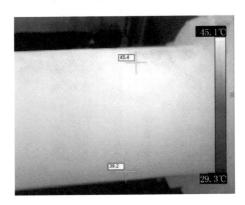

图 3.40　分支母线内部接头接触不良引起发热

图 3.41　隔离开关动静触头接触不良引起发热

图 3.42　TA 内部一次导体接头接触不良

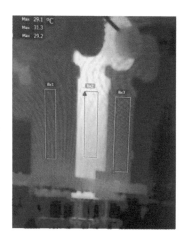

图 3.43　电缆仓内导体接触不良

图 3.44　GIS 内置式 TA 二次线圈开路

罐体环流及涡流引起的发热见图 3.45～图 3.47。

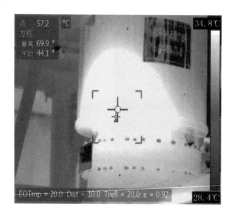
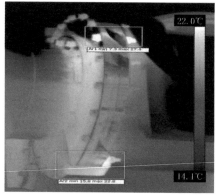

图 3.45　外置式 TA 防尘罩导流发热　　图 3.46　盆式绝缘子跨接片接触
　　　　　　　　　　　　　　　　　　　　　不良、紧固螺栓导流发热

3.6.2　特高频局部放电检测技术

特高频法以其灵敏度高、便于识别信号类型、能够实现放电源定位等优势，成为 GIS 局部放电最重要的带电检测手段。

GIS 内部可能存在如下几种典型的局部放电：尖端电极放电、悬浮电位放电、自由金属颗粒放电、空穴放电、沿面放电。不同类型绝缘缺陷的局部放电所产生的特高频信号具有不同的频谱特征。因此，除了可利用常规方法的信号时域分布特征以外，还可以结合特高频信号频域分布特征进行局部放电类型识别，实现绝缘缺陷类型诊断。集中放电典型特高频图谱及信号特征如下：

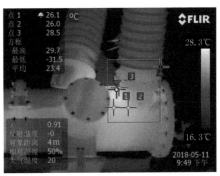

图 3.47　110kV 钢罐体 GIS 涡流发热

1. 尖端电极放电

PRPS 图谱、PRPD 图谱如图 3.48 所示。放电的极性效应非常明显，通常在工频相位的负半周或正半周出现，放电信号强度较弱且相位分布较宽，放电次数较多。但较高电压等级下另一个半周也可能出现放电信号，幅值更高且相位分布较窄，放电次数较少。

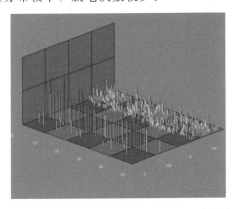
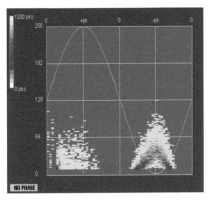

图 3.48　尖端放电特高频图谱

2. 悬浮放电

PRPS 图谱、PRPD 图谱如图 3.49 所示。放电信号通常在工频相位的正、负半周均会出现，且具有一定对称性，放电信号幅值很大且相邻放电信号时间间隔基本一致，放电次数少，放电重复率较低。PRPS 谱图具有"内八字"或"外八字"分布特征。

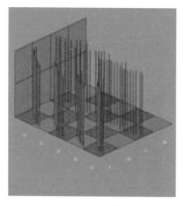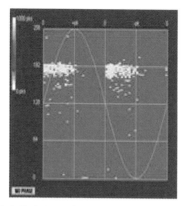

图 3.49　悬浮放电特高频图谱

3. 自由金属颗粒放电

PRPS 图谱、PRPD 图谱如图 3.50 所示。局部放电信号极性效应不明显，任意相位上均有分布，放电次数少，放电幅值无明显规律，放电信号时间间隔不稳定。提高电压等级放电幅值增大但放电间隔降低。

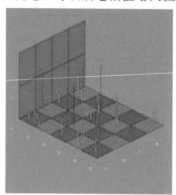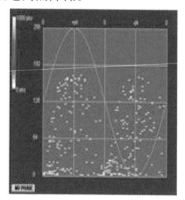

图 3.50　颗粒放电特高频图谱

4. 空穴放电

PRPS 图谱、PRPD 图谱如图 3.51 所示。放电次数少，周期重复性低。放电幅值也较分散，但放电相位较稳定，无明显极性效应。

3.6.3　超声波局部放电检测技术

在 GIS 设备内部发生局部放电时，局部区域瞬间受热而膨胀，会产生超声波，从局部放电点以球面波的方式向四周传播，通过在 GIS 外壳上安装超声波传感器，可检测 GIS 内部有无局部放电。

超声波检测时，应首先测试超声背景值，将超声波局部放电传感器固定在 GIS 的设备基座上或悬置空气中，测量背景，每个点测量时间不小于 15s，并记录检测

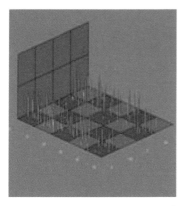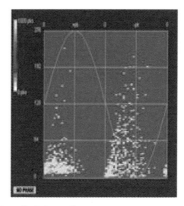

图 3.51 空穴放电特高频图谱

数据。超声局放检测时应对每个接头、刀闸、互感器均进行测试，法兰之间最少 1~2 个点，一般选择气室的侧下方作为测点位置，母线筒选择靠近绝缘支撑部件的位置，测量前应先观察 GIS 设备结构特征，在一些检测重点区域必须设置多个测点，如断路器、隔离开关、接地开关等有活动部件的气室；超声信号在 GIS 内传播具有一定的衰减，故两个测点之间的距离建议不应大于 1m。

超声波法可发现 GIS 内部尖端放电、悬浮放电、自由颗粒以及内部部件松动引起的振动等缺陷。

1. 尖端电极放电

这一放电信号的产生与施加在其两端的电压幅值具有明显关联性，在放电谱图中则表现出典型的 50Hz 相关性及 100Hz 相关性，即存在明显的相位聚集效应。但是，由于电晕放电具有较明显极化效应，其正、负半周内的放电起始电压存在一定差异。因此，电晕放电的 50Hz 相关性往往较 100Hz 相关性要大。尖端放电超声波检测典型图谱如图 3.52 所示。

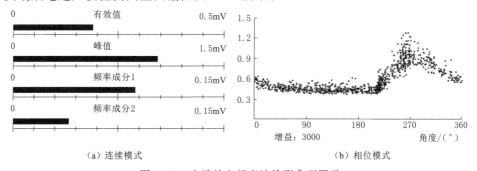

图 3.52 尖端放电超声波检测典型图谱

2. 悬浮电位放电

当被测设备存在不固定电位的导体时，在高压电场作用下会产生局部放电信号。局部放电信号的产生与施加在其两端的电压幅值具有明显关联性，在放电谱图中则表现出典型的 50Hz 相关性及 100Hz 相关性，即存在明显的相位聚集效应，且 100Hz 相关性大于 50Hz 相关性。悬浮放电超声波检测典型图谱如图 3.53 所示。

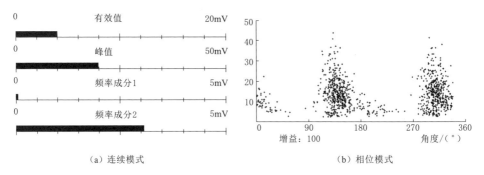

（a）连续模式　　　　　　　　　　　　　（b）相位模式

图 3.53　悬浮放电超声波检测典型图谱

3. 自由金属颗粒放电

当被测设备内部存在自由金属微粒时，在高压电场作用下，金属微粒因携带电荷会受到电动力的作用，当电动力大于重力时，金属微粒即会在设备内部移动或跳动，其与外壳的碰撞产生超声波信号。由于金属微粒与外壳的碰撞取决于金属微粒的跳跃高度，其碰撞时间具有一定随机性，因此该类缺陷的相位特征不是很明显，即 50Hz、100Hz 频率成分较小。而由于自由金属微粒通过直接碰撞产生超声波信号，其信号有效值及周期峰值往往较大。此外，在时域波形检测模式下，检测谱图中可见明显脉冲信号，但信号的周期性不明显。图 3.54 为自由金属颗粒放电超声波检测典型图谱。虽然自由金属微粒缺陷无明显相位聚集效应，但是当统计自由金属微粒与设备外壳的碰撞次数与时间的关系时，存在明显的谱图特征，该图谱定义为"飞行图"。通过部分局部放电超声波检测仪提供的"脉冲检测模式"即可观察自由金属微粒与外壳碰撞的"飞行图"，进而判断设备内部是否存在自由金属微粒缺陷。

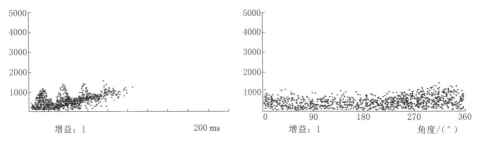

图 3.54　自由金属颗粒放电超声波检测典型图谱

3.6.4　SF₆气体泄漏红外热像检测技术

SF₆气体在 $10.6\mu m$ 的红外辐射具有很强的吸收作用。SF₆气体泄漏红外成像检测是利用 SF₆气体的红外吸收特性的检测方法。红外探测器专门针对极窄的光谱范围进行调整，因此选择性极强，只能检测到可在由一个窄带滤波器界定的红外区域吸收的气体。泄漏气体出现区域的视频图像将产生对比变化，从而产生烟雾状阴影。气体浓度越大，吸收强度就越大，烟雾状阴影就越明显，从而使不可见的 SF₆气体泄漏变为可见，进而确定其泄漏源及移动方向，使检测人员能够快速、准确地找到泄漏点。与激光检漏仪相比，无需反射背景，所以适用范围更广，同时因为无需激光发射器，所以重量也更轻。

图 3.55 红外成像法检漏示意图是 SF₆气体检漏仪的工作原理图。当物体发出的红外辐射通过空气与 SF₆气体组成的混合气体时，由于 SF₆气体对红外辐射的吸收能力更强，上方通过 SF₆气体的红外辐射与下方通过空气的红外辐射相比，明显变弱了。

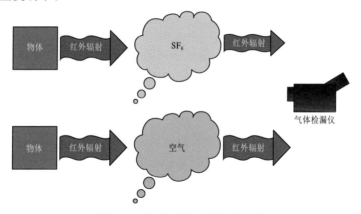

图 3.55　红外成像法检漏示意图

与普通热像仪相比，SF₆气体泄漏红外成像检漏仪专为 SF₆气体检测设计，其探测器工作波段更窄，通常在 $10\sim 11\mu m$，这样在检测的时候更具有针对性。探测器多为制冷型探测器，热灵敏度更高，能够呈现更小的温差，这样更有利于 SF₆气体的发现及成像。第一代的 SF₆气体泄漏红外成像检漏仪，通常只能成像，随着科技的发展，现在的 SF₆气体泄漏红外成像检漏仪不仅能够对 SF₆气体的泄漏进行检测，还由于其集成了测温功能，这样我们在进行气体泄漏检测的同时，还可对电力设备的热故障进行定性定量分析。

3.6.5　SF₆气体湿度检测技术

SF₆气体湿度的常用检测方法有电解法、冷凝露点法和阻容法，在运行设备中均应用较多。采用导入式采样方法，取样点须设置在足以获得设备中代表性气体的位置并就近取样，将湿度检测仪器与被测设备按图 3.56 所示用气体管路连接。

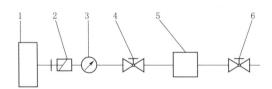

图 3.56　SF₆ 气体湿度检测连接示意图

1—待测电气设备；2—气路接口（连接设备与仪器）；3—压力表；

4—仪器入口阀门；5—湿度计；6—仪器出口阀门（可选）

SF₆ 气体湿度检测结果用体积比表示，单位为 $\mu L/L$；由于环境温度对设备中气体湿度有明显的影响，测量结果应折算到 20℃ 时的数值。根据现有标准提出的 SF₆ 气体湿度控制指标，对设备中 SF₆ 气体湿度检测结果进行分析。

3.6.6　SF₆ 气体分解物检测技术

现场运行表明，与局放检测、交流耐压等电气试验方法相比，在检测严重的局部放电及在事故后 GIS 内部故障定位等方面，SF₆ 气体分解产物检测方法具有受外界环境干扰小、灵敏度高、准确性好等优势，成了运行设备状态监测和故障诊断的有效手段。

对于设备部件一般的局部放电或发热等缺陷，气体分解产物检测方法难以发现。这主要是由于 SF₆ 气体分解产物具有极高的活性，非常容易与设备内部部件发生反应，另外设备内部吸附剂对分解产物也具有非常高的吸附能力。故 SF₆ 分解物检测更多地用来对异常进行辅助分析，以及事故后 GIS 内部故障定位。

3.7　开关柜带电检测技术

开关柜是用于电力系统的成套电气设备，其作用是在电力系统进行发电、输电、配电和电能转换的过程中进行开合、控制和保护等。开关柜内部结构空间有限，布置比较紧密，具有五防机械联锁功能，同时采用顶部泄压方式，内部空间一般分为断路器手车室、母线室、电缆室、继电器室等，室与室之间用钢板隔开。目前变电站中应用较为广泛的开关柜为金属封闭铠装的手车式开关柜。

开关柜的故障类型一般可分为以下几种，分别是拒动故障、误动故障、绝缘故障、开断与关合故障、载流故障、外力或其他故障。

目前开关柜的主要带电检测技术有暂态地电压局部放电检测技术、超声波局部放电检测技术和特高频局部放电检测技术等。根据中国电科院对 1989—1997 年和 2004 年 40.5kV 以下电压等级开关设备的故障类型调研结果，统计结果如图 3.57 所示，绝缘与载流性故障约占 35％～45％。广东电网公司对 1992—2002 年开关设备故障类型的统计结果显示，绝缘与载流性故障的比例甚至高达 66％。而上述两种故障均与放电现象密切相关。英国电力企业对其国内使用的中压真空开关进行了故障统计，结果表明，高达 44％的故障都可以通过局部放电检测技术检测出来，而 85％的破坏性故障都是与局部放电现象相关的。

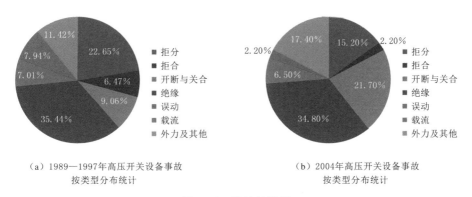

（a）1989—1997年高压开关设备事故　　　　　（b）2004年高压开关设备事故
　　　按类型分布统计　　　　　　　　　　　　　按类型分布统计

图 3.57　统计结果图

3.7.1　暂态地电压局部放电检测技术

暂态地电压局部放电检测技术是一种检测电力设备内部绝缘缺陷的技术，广泛应用于开关柜、环网柜、电缆分支箱等配电设备的内部绝缘缺陷检测。暂态地电压局部放电检测技术原理简单，仪器使用方便，对尖端放电、电晕放电和绝缘子内部放电比较敏感，检测效果较好，但对沿面放电、绝缘子表面放电不敏感。另外，放电部件封闭于金属壳体内，暂态地电压检测设备的传感器难以深入开关设备内部，因此检测过程难以排除环境电磁噪声的影响。

暂态地电压局部放电检测之前，首先检测现场的背景噪声并做好记录；然后，开始按照正常程序检测开关柜的暂态地电压数据，并按照一定的阈值准则综合背景噪声和实测数据，评估开关柜的实际局部放电数据。测量时，暂态地电压传感器紧贴在开关柜金属柜体表面。对于高压开关柜设备，在每面开关柜的前面、后面均应设置测试点，具备条件时，在侧面设置测试点，检测位置可参考图 3.58。

一般按照前面、后面、侧面进行选择布点，前面选 2 点，后面、侧面选 3 点，后面、侧面的选点应根据设备安装布置的情况确定。如存在异常信号，则应在该开关柜进行多次、多点检测，查找信号最大点的位置。应尽可能保持每

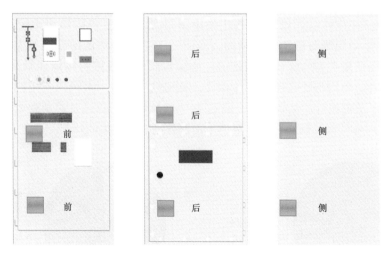

图 3.58　暂态地电压参考检测位置示意图

次测试点的位置一致，以便于进行比较分析。

　　暂态地电压检测要测试并记录环境（空气和金属）中的背景值。一般情况下，测试金属背景值时可选择开关室内远离开关柜的金属门窗；测试空气背景时，可在开关室内远离开关柜的位置，放置一块 20cm×20cm 的金属板，将传感器贴紧金属板进行测试。测试过程中应避免信号线、电源线缠绕一起。排除干扰信号，必要时可关闭开关室内照明灯及通风设备。

3.7.2　超声波局部放电检测技术

　　高压开关柜内产生局部放电时的超声波信号可以利用非接触式超声波传感器在柜体缝隙处进行检测，也可以利用接触式超声波传感器在柜体上进行检测。接触式超声波法检测时，将接触式探头放置在开关柜的主骨架上检测超声波信号。开关柜面板表面包括断路器室、母线通风处的板/盖、开关柜的门、高压电缆端子箱等部位。依此程序，扫描所有的开关柜，每一处扫描应持续 10s，以便检测超声波信号。如有必要，则延长检测时间。

　　非接触式超声波法检测时，将仪器指向开关柜面板缝隙处，沿着缝隙检测超声波信号。开关柜面板包括断路器和金属封装的缝隙处、电缆或母线窗、母线通风板/盖处的缝隙、开关面板/门处的缝隙、高压电缆接头箱的侧面或底部的通风孔等部位。

　　超声波检测技术检测效率高。开关柜类设备由于其体积较小，利用超声波可对开关室、开闭站等进行快速巡检，具有较高的检测效率。超声波检测技术对沿面放电、电晕放电、尖端放电和绝缘子表面放电比较敏感，检测效果较好，但对绝缘子内部放电不敏感。

超声波局部放电检测技术受机械振动干扰较大。由于超声波检测是基于机械波的检测手段，因此受到机械振动的干扰较大。开关柜检测中常见的干扰源有水银灯以及附近走动的人或运行的机器，在检测时应隔离这些干扰噪声。

另外，由于超声波在开关柜内部的传播存在折反射，使得局部放电定位的精度受到限制，很难利用超声波信号对局部放电进行模式识别和定量判断。

3.7.3 特高频局部放电检测技术

1. 检测方法

在采用特高频法检测局部放电的过程中，应按照所使用的特高频局部放电检测仪操作说明，连接好传感器、信号放大器、检测仪器主机等各部件，通过绑带（或人工）将传感器固定在开关柜的观察窗上，必要的情况下，可以接入信号放大器。

在采用特高频法检测局部放电时，典型的操作流程如下：

（1）设备连接：按照设备接线图连接测试仪各部件，将传感器固定在开关柜的观察窗上，将检测仪主机及传感器正确接地，电脑、检测仪主机连接电源，开机。

（2）工况检查：开机后，运行检测软件，检查主机与电脑通信状况、同步状态、相位偏移等参数；进行系统自检，确认各检测通道工作正常。

（3）设置检测参数：设置变电站名称、检测位置并做好标注。根据现场噪声水平设定各通道信号检测阈值。

（4）信号检测：打开连接传感器的检测通道，观察检测到的信号。如果发现信号无异常，保存少量数据，退出并改变检测位置继续下一点检测；如果发现信号异常，则延长检测时间并记录多组数据，进入异常诊断流程。必要的情况下，可以接入信号放大器。

2. 技术优缺点

（1）优点：

1）特高频局部放电检测技术灵敏度高。

2）现场抗低频电晕干扰能力较强。特高频法的检测频段通常为 $300\sim3000MHz$，有效地避开了现场电晕等干扰（主要在 $200MHz$ 以下），因此具有较强的抗干扰能力。

3）可实现局部放电源定位。

4）利于绝缘缺陷类型识别。不同类型绝缘缺陷的局部放电所产生的特高频信号具有不同的谱图特征，可根据这些特点判断绝缘缺陷类型。

（2）缺点：

1）容易受到环境中特高频电磁干扰的影响。

2）外置式传感器对全金属封闭的电力设备无法实施检测。

3）尚未实现缺陷劣化程度的量化描述。

3.7.4　红外热像检测

1. 检测方法

（1）一般检测。仪器在开机后需进行内部温度校准，待图像稳定后即可开始工作。一般先远距离对所有被测设备进行全面扫描，发现有异常后，再有针对性的近距离对异常部位和重点被测设备进行准确检测。仪器的色标温度量程宜设置在环境温度加 10～20K 左右的温升范围。有伪彩色显示功能的仪器，宜选择彩色显示方式，调节图像使其具有清晰的温度层次显示，并结合数值测温手段，如热点跟踪、区域温度跟踪等手段进行检测。应充分利用仪器的有关功能，如图像平均、自动跟踪等，以达到最佳检测效果。环境温度发生较大变化时，应对仪器重新进行内部温度校准，校准方法按仪器的说明书进行。作为一般检测，被测设备的辐射率一般取 0.9 左右。

（2）精确检测。检测温升所用的环境温度参照体应尽可能选择与被测设备类似的物体，且最好能在同一方向或同一视场中选择。在安全距离允许的条件下，红外仪器宜尽量靠近被测设备，使被测设备（或目标）尽量充满整个仪器的视场，以提高仪器对被测设备表面细节的分辨能力及测温准确度，必要时，可使用中、长焦距镜头。正确选择被测设备的辐射率，特别要考虑金属材料表面氧化对选取辐射率的影响。将大气温度、相对湿度、测量距离等补偿参数输入，进行必要修正，并选择适当的测温范围。记录被检设备的实际负荷电流、额定电流、运行电压，被检物体温度及环境参照体的温度值。

2. 技术优缺点

优点：

红外热像检测技术能进行非接触远距离测量，直接显示实时图像，灵敏度较高，检测速度快。

缺点：

红外热成像检测技术由于检测灵敏度与热辐射率相关，因此受被测物体表面及背景辐射的干扰，只能测量设备表面温度，无法测量设备内部。

3.7.5　基于脉冲电流法的开关柜局放检测技术

基于脉冲电流法的开关柜局放检测技术是一种直接测量并且可以在线监测的开关柜带电检测新技术。

1. 检测原理

基于脉冲电流法的开关柜局放检测技术在脉冲电流的基础上进行了改进，利用高压开关柜的带电指示器装置核相接口进行局部放电检测，带电指示器的分压显示原理与传统实验室局部放电测量原理具有极高的相似性，开关柜上普遍配置了带电显示器，可以利用开关柜带电显示器回路，通过绝缘子电容耦合传感器耦合一次回路局部放电脉冲信号，并通过开发信号调理与采集装置，实现对开关柜内局部放电缺陷的直接、量化和检测。

脉冲电流法测量回路如图 3.59 所示。

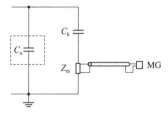

图 3.59 脉冲电流法测量回路
C_a—被测试绝缘设备的等效电容；
C_k—母线支撑绝缘子的等效电容，该方法中作为耦合电容器使用；
Z_m—检测阻抗；
MG—测量仪器

测试仪所测得的局部放电脉冲值与实际的局部放电视在电荷量具有一定关系，它们之间的具体比例关系与测量回路和局放加强器等都有关，所以需要进行在线校准。校准方法是在原有回路被监测设备上施加模拟局部放电的一定放电量大小的脉冲，观察在监测分析主机上显示的局部放电量与被监测设备施加的局部放电量是否一致，如不一致则对测量仪器进行调整使其一致。该技术的测量及校准都是在高压开关柜在线运行时进行，比传统的离线校准方式前进了一步。

2. 技术特点

10kV 开关柜带电指示器局放在线监测技术与传统开关柜在线监测与带电检测技术相比有如下特点。

（1）灵敏度比较高，且可以进行放电幅值量化。在实验室设置开关柜局放缺陷，与传统的暂态地电压、特高频检测技术相比，同等缺陷情况下该检测技术灵敏度更高，且能给出缺陷放电量 pC 值。

（2）能够对缺陷进行定相和定位。该技术利用开关柜内部的三相母线支撑绝缘子作为传感器进行信号采集，与传统的外部局放检测方法相比，其可根据各相传感器采集信号的幅值大小判别局部放电产生的相位和位置。

（3）安装和改造较为方便。该技术不需要对 10kV 开关柜进行停电改造，直接更换开关柜的带电指示器，外加信号分析处理模块即可。

（4）该技术对三相信号同时采集、分析、处理，排除同步干扰。该技术使用开关柜原有的绝缘子等效电容器来进行监测，无须再增设电容传感器，减少了安装成本及布线。

3.7.6 开关柜无线测温技术

无线无源测温技术是近年来发展起来的一种新型温度检测技术。解决了传统的光纤、有源测温系统在安全性、经济性、可靠性等方面的问题。其最大的两个特点就是"无线"和"无源"，其核心就是声表面波（SAW）技术的应用。

1. 测温原理

基于 SAW 技术的测温传感器原理如图 3.60 所示。

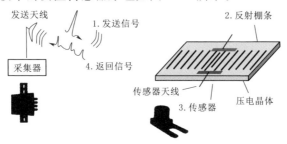

图 3.60　SAW 温度传感器原理

该技术通过采集器向外发射高频电磁波。SAW 传感器通过天线接收到外部电磁波会激励出声波，在压电晶体上传播不同的电磁波及外界条件会激发出不同的声表面波。这种声波就会携带温度信号通过反射栅条返回不同频率的电磁波，通过返回的电磁波可以解调出测点的温度信息。这种声表面波传感器读取范围较远（2~10m），可应用在金属和液体表面，适用于高温、高电压环境下，具有多物理量检测能力如温度、压力、加速度等，同时可分布式组网实现多点测量，灵敏度较高。

2. 技术特点

无线无源测温系统的应用解决了传统温度在线监测技术的弊端，如布线、高低压绝缘、传感器供电等问题，安装方便易于实现。基于总线的通信方式便于进行系统的扩展。可靠性和稳定性较高，可以实现开关柜内重要测温点温度的长期在线监测及远程故障预警，为开关柜的潜伏性隐患的提前发现和可靠运行提供了有力的技术保障。同时基于 SAW 传感器的无线无源测温技术还可应用在电力系统中复杂结构线缆监测、电缆火灾预防、变压器过载监测、避雷器熔断监测、电缆触点老化等众多领域，具有广泛的应用前景。同时由于此项技术应用时间不长，整套系统的运行稳定，可靠性有待进一步验证。下一步该项技术在信号抗干扰能力及传输距离等方面有待进一步完善提升。

3.8　断路器带电检测技术

断路器是电力系统中最重要的设备之一，它用于开断正常运行条件下的电流和系统故障条件下的短路电流。根据灭弧介质的不同，高压断路器分为油断路器、压缩空气断路器、SF_6 断路器和真空断路器。油断路器和压缩空气断路器目前基本淘汰，真空断路器主要用于配电领域及开关柜内。110kV 及以上电压等级普遍采用 SF_6 断路器。

高压断路器主要缺陷为导电回路接触不良、绝缘不良引起局部放电、SF_6 气体湿度大、SF_6 气体泄漏以及机械特性不符合要求等。主要带电检测技术包括红外热像检测技术、SF_6 气体湿度检测技术、SF_6 气体分解物检测技术、SF_6 气体红外成像法检漏技术以及机械特性带电检测技术。SF_6 气体湿度检测技术、分解物检测技术同 GIS，在此不再赘述。

3.8.1　红外热像检测技术

红外热像检测可发现高压断路器外部接线端子或线夹与导线连接不良引起的接头过热缺陷、内部接头或连接件接触电阻过大引起的过热缺陷、灭弧室内部动静触头、中间触头接触不良引起的过热缺陷，以及支柱绝缘子污秽、裂纹引起的过热缺陷等。热备用状态时，还可发现均压电容器介质损耗引起的温度异常。典型图如图 3.61～图 3.63 所示。

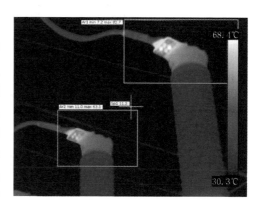

图 3.61　断路器线夹与接线板接触不良引起发热

图 3.62　断路器动静触头接触不良引起发热

图 3.63　断路器中间触头接触不良引起发热

3.8.2 SF₆ 气体泄漏红外热像检测技术

SF₆ 气体泄漏红外热像检测技术可对运行中断路器带电部位、高处部位进行远距离非接触式成像检漏，灵敏度高，可直接确认漏气部位，是其他任何一种检漏方法都无法比拟的。重点检测部位有：

（1）法兰与瓷瓶之间硬密封泄漏。此类泄漏大部分是由于产品生产中硬密封材料中含有气孔所造成，如图 3.64 所示。

图 3.64 断路器下法兰部位 SF₆ 气体泄漏

（2）SF₆ 气体连接铜管连接部位泄漏，如图 3.65 所示。

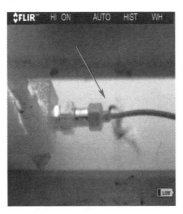

图 3.65 断路器 SF₆ 气体连接管路气体泄漏

（3）密封圈的密封面泄漏。由于密封垫圈本身制造工艺的缺陷和密封时两个面结合不良是发生泄漏的主要原因，如图 3.66 所示。

（4）气体截止阀泄漏和气体密度继电器泄漏。这种气体截止阀的泄漏原因有两个，一是截止阀阀座密封面光洁度不良；二是阀杆同底座结合不好。如图 3.67 所示。

图 3.66 断路器法兰密封不良气体泄漏

图 3.67 气体密度继电器处气体泄漏

3.8.3 断路器机械特性带电检测技术

高压断路器的操作过程伴随着一系列的机械、电气、振动、声音等信号，这些信号信息包含了整个断路器的运行状态。通过分析不同状态的机械、振动、声音和电气信号可以判断断路器的运行状况，对断路器的运行状态进行诊断。根据国家有关标准，高压断路器设备机械特性参数包括：分闸时间、合闸时间、分闸同期性、合闸同期性、开距、超程、刚分（合）速度、平均速度和最大速度等。高压断路器机械特性在线检测研究方法主要有行程—时间检测法、分合闸线圈电流检测法、振动信号检测法。最近一些研究将几种检测方法结合，综合对高压断路器进行故障诊断并取得了比较理想的效果。

1. 行程-时间检测法

行程-时间特性曲线是表征高压断路器机械特性的重要参数，典型合闸行程-时间特性曲线如图 3.68 所示。根据动触头的行程-时间特性曲线再结合其他参数，可以获得其他机械动作的参数，如动触头合、分闸操作的运动时间、动触头行程、动触头的刚分速度和刚合速度、动触头运动的平均速度和最大速度以及速度-时间曲线等。动触头是记录断路器分合闸操作最为直接的手段。目前工程中通常采用直线式光电编码器或者增量式旋转光电编码器。将直线式光电编码器安装在断路器做直线运动的机械传导机构连杆上，旋转式光电编码器安装在断路器机械操动机构的转动轴上，采集传感器测量数据，分析得到行程-时间特性曲线。对比两种光电编码器的特点，得出旋转式光电编码器质量轻，力矩小，可靠性较高，因此应用范围更广。行程-时间检测法利用断路器机构的运动轨迹，比较理想地完成了高压断路器机械特性的检测任务。但该方法利用的信息较少，并且检测结果准确性受现场安装情况影响较大。

2. 分合闸线圈电流检测法

当分合闸线圈中通过电流时，电磁铁产生磁通，在电磁力作用下完成断路器的分合闸操作。线圈中的电流波形能够反映电磁铁本身和其控制的锁门或阀门以及连锁触头在操动过程中的工作情况，通过监测分合闸线圈中电流随时间的连续变化，可获得二次操作回路的状态。典型开关分（合）闸线圈电流波形如图 3.69 所示。根据分合闸线圈电流特性波形和铁芯运动过程的对应关系，能够判断断路器操动机构的运行状态如：分合闸时间、分合闸速度、三相不同期性等一系列机械状态特性参数。分合闸线圈电流检测法原理简单，较好地实现了机械状态的在线监测。但也存在相应不足：首先，电流信号采集环节受放电、磁场等影响较大，该方法实现在线监测必须要有效果非常好的屏蔽装置；其次，反映故障类型有限，主要反映集中在铁芯上的机械故障，不能反映其他的机械故障问题。

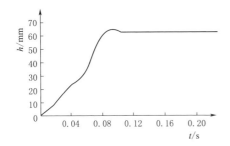

图 3.68　典型合闸行程-时间特性曲线

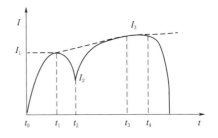

图 3.69　典型开关分（合）闸线圈电流波形

3. 振动信号检测法

高压断路器分合闸时，机械操作机构发出的机械振动信号中包含着大量状态信息，通过合适的振动传感器和先进的信号处理方法能够分析出整个分合闸过程以及断路器的运行状态。相比分合闸线圈电流检测法，振动信号检测法测量不涉及电气量，不受电磁场干扰。传感器安装于断路器外部，对断路器无任何影响，并且振动传感器尺寸小、工作可靠、价格低廉、灵敏度高。断路器操作是瞬时性动作，动作时间短暂且无周期性，同时不同振动信号之间也具有很大随机性，因此要求监测过程采样频率很高。由于信号处理分析过程较为复杂困难，目前学术界尚无较为完善的分析处理方法可以很好地解决断路器机械特性的精确在线测量和诊断问题。振动信号检测法充分利用整个分合闸过程的信息，前景巨大，将成为高压断路器机械状态监测和诊断最有前途的方法之一。

3.9 电缆带电检测技术

随着城市化进程不断提高，城市电网电缆化率持续攀升，高压电缆设备总量保持年均 10％快速增长。作为状态检修的重要内容，电缆设备带电检测技术的全面深入应用，能及时发现电缆设备潜伏性运行隐患，避免突发性故障的发生，是电缆设备安全稳定运行的重要保障。

电缆带电检测是指在运行状态下，采用便携式检测设备对电缆设备状态量进行的现场检测，检测方式为带电短时间内检测，有别于长期连续的在线监测。电缆带电检测主要针对电缆本体及附件（电缆终端和电缆接头），常见缺陷包括导体连接不良、绝缘缺陷、电缆接地系统缺陷等，电缆绝缘结构或接地系统中发生问题时，会产生一系列物理变化和化学变化。通过不同的检测原理，运用各种检测手段可对其进行带电检测。现阶段，电缆带电检测推行大规模普测、疑似信号复测、问题设备重点监测的作业方式，确保电缆设备安全稳定运行。

当电气设备在绝缘结构中发生局部放电时，会产生声、光、电、热、磁等系列物理变化和化学变化。通过不同的检测原理，运用各种检测手段可对其进行带电检测。当前，电缆带电检测技术主要包括红外热像检测技术、接地电流检测技术、高频局部放电检测技术、超高频局部放电检测技术和超声波局部放电检测技术等。

3.9.1 红外热像检测技术

高压电缆红外热像检测部位主要包括电缆终端、电缆接头、电缆分支处和接地线，以及交叉互联箱、接地箱，检测结果应无异常温升、温差或相对温差。

开展红外热像检测工作时，电缆应带电运行 24 小时以上。在安全距离允许的范围下，红外仪器宜尽量靠近被测设备，使被测设备充满整个仪器的视场，必要时，应使用中、长焦距镜头，户外终端检测一般需使用中、长焦距镜头。

检测时，一般先用红外热像仪对所有测试部位进行全面扫描，重点观察电缆终端、中间接头、交叉互联箱、接地箱、金属套接地点等部位，发现热像异常部位后对异常部位和重点被检测设备进行详细测量。同时，为避免遗漏测量部位，最好在设备负荷高峰状态下进行，一般不低于额定负荷 30%。完成检测后记录被检设备的实际负荷电流、电压、被检物温度及环境参照体的温度值等。

电缆导体或金属屏蔽（金属套）与外部金属连接的同部位相间温度差超过 6K，应加强监测并适当缩短检测周期，超过 10K 时应停电检查。

电缆终端、接头同部位相间温度差超过 2K，应加强监测并适当缩短检测周期，超过 4K 时应停电检查。

3.9.2　接地电流检测技术

接地电流检测是指通过电流互感器或钳形电流表对设备接地回路的接地电流进行检测。检测装置通常选用钳形电流表，检测部位主要包括电缆终端、电缆接头、交叉互联线及接地线。

接地电流检测所用钳型电流表应携带方便、操作简单、测量精度高，交流电流测量分辨率达到 0.2A，测量结果重复性好；应具备多量程交流电流档；钳型电流表钳头开口直径应略大于接地线直径。

在每年大负荷来临之前以及大负荷过后，或者用电高峰前后，应加强对接地电流检测。

接地电流检测前，所用钳型电流表处于正确档位，量程由大至小调节；检测时应记录当时的负荷电流，对沿线各直接接地箱及其他屏蔽层直接接地装置进行分相测量，特别是要记录接地电流异常互联段、缺陷部位、实际负荷、互联段内所有互联线、接地线的接地电流。

对电缆金属护层接地电流测量数据的分析，要结合电缆线路的负荷情况，综合分析金属护层接地电流异常的发展变化趋势。一般情况下，接地电流绝对值超过 50A、或接地电流与负荷电流比值超过 20%、或单相接地电流最大值与最小值的比值超过 3，应加强监测并适当缩短检测周期；接地电流绝对值超过 100A、或接地电流与负荷电流比值超过 50%、或单相接地电流最大值与最小值的比值超过 5，应进行停电检查。

3.9.3　高频局部放电检测技术

电缆高频局部放电检测是指对频率一般介于 1～300MHz 区间的局部放电信号进行采集、分析、判断的一种检测方法，主要采用高频电流互感器（简称 HFCT）、电容耦合传感器采集信号。

高频局部放电检测的原理是，当电力设备发生局部放电时，通常会在其接地引下线或其他地电位连接线上产生脉冲电流。通过高频电流传感器检测流过接地引下线或其他地电位连接线上的高频脉冲电流信号，实现对电力设备局部放电的带电检测，高频局部放电检测示意图如图 3.70 所示。

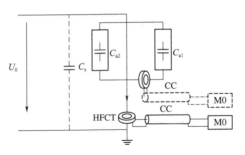

图 3.70　高频局部放电检测示意图

U_0—电压源；C_s—杂散电容；C_{a1}，C_{a2}电力设备；HFCT—高频电流传感器

CC—连接电缆；M0—高频法局部放电带电检测仪

　　高频局部放电检测系统一般由高频电流传感器、工频相位单元、信号采集单元、信号处理分析单元等构成。高频电流传感器完成对局部放电信号的接收，一般使用钳式高频电流传感器；工频相位单元获取工频参考相位；信号采集单元将局部放电和工频相位的模拟信号进行调理并转化为数字信号；信号处理分析单元完成局部放电信号的处理、分析、展示以及人机交互，具体见图 3.71 所示。

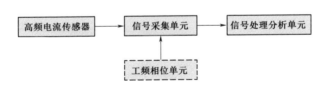

图 3.71　高频局部放电检测仪结构图

　　高频局部放电检测环境温度 $-10 \sim +50\,℃$；空气相对湿度不宜大于 90%，若在室外不应在有雷、雨的环境下进行检测；在电缆设备上无各种外部作业；进行检测时应避免其他设备干扰源等带来的影响。

　　信号取样时，可以在电缆终端接头接地线、电缆中间接头接地线、电缆中间接头交叉互联接地线、电缆本体上安装高频局部放电传感器，在电缆单相本体上安装相位信息传感器。如果存在无外接地线的电缆终端接头，高频局部放电传感器也可以安装在该段电缆本体上，使用时应注意放置方向，应保证电流入地方向与传感器标记方向一致。不同情况下高频电流传感器安装方式如图 3.72～图 3.75 所示。

　　现场检测前，先检查测试环境，排除外界环境干扰，即排除与电缆有直接电气连接的设备（如变压器、GIS 等）或空间的放电干扰，将传感器（高频 TA 或其他传感器）安装于检测部位；选择适合的频率范围，可采用仪器的推荐值；

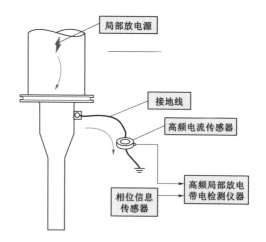

图 3.72　经电缆终端接地线安装高频电流传感器检测示意图

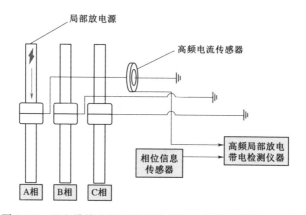

图 3.73　经电缆接头接地线安装高频电流传感器检测示意图

对所有检测部位进行高频局放检测,在检测过程中保证高频传感器方向一致;测量数据记录;当检测到异常时,记录异常信号放电谱图、分类谱图以及频谱图,并给出初步分析判断结论。

当高频局部放电检测在某个测试点测试到异常信号时,应按下列步骤查找局放源位置:

(1) 根据相位图谱特征判断测量信号是否具备与电源信号相关性。如为疑似局放信号,则继续以下步骤。

(2) 根据异常信号的图谱特征尤其是信号频率分布情况判断信号源位置是在测试点附近还是远离测试点。

(3) 对发现异常信号的测试点(接头)两边相邻的电缆附件进行测试,通

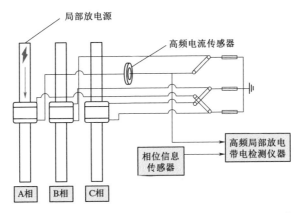

图 3.74 经交叉互联接地线安装高频电流传感器检测示意图

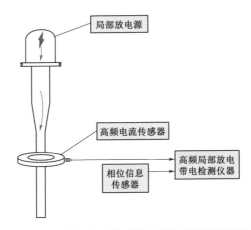

图 3.75 经电缆本体安装高频电流传感器检测示意图

过对 3 个测试点的检测信号进行比较分析,如信号幅值、上升沿时间、频率分布等来判断信号源的位置来自哪一侧。

(4)对逐个中间接头测试,找到离局放源位置最近的电缆附件,然后通过分析该电缆附件检测到的波形特征、频率分布、反射波时间等信息初步综合判断出局放源的位置。

(5)如需精确定位,可在信号源两边的电缆附件敷设光纤或综合应用超声波仪、示波器等其他方式进行。

3.9.4 超高频局部放电检测技术

超高频局部放电检测是指对频率一般介于 $100\sim3000\mathrm{MHz}$ 区间的局部放电信号进行采集、分析、判断的一种检测方法,主要采用天线结构传感器采集信号。超高频局部放电检测主要适用于电缆 GIS 终端的检测，利用超高频传感器（主要采用天线结构传感器）从 GIS 电缆终端环氧套管法兰处进行信号耦合。

检测目标及环境的温度宜在 $-10 \sim +40℃$ 范围内；空气相对湿度不宜大于 90%，不应在有雷、雨、雾、雪的环境下进行检测；室内检测避免气体放电灯对检测数据的影响；检测时应避免手机、照相机闪光灯、电焊等无线信号的干扰。

现场检测前，将传感器放置在电缆接头非金属封闭处，以减少金属对内部电磁波的屏蔽以及传感器与螺栓产生的外部静电干扰；保持每次测试点的位置一致，以便于进行比较分析；如检测到异常信号，则应在该接头进行多点检测比较，查找信号最大点的位置；记录检测图谱；当检测到异常时，记录异常信号放电谱图、分类谱图以及频谱图，并给出初步分析判断结论。

超高频局部放电检测结果判定分析过程如下：

（1）首先根据相位图谱特征判断测量信号是否具备与电源信号相关性。若具备，继续以下步骤。

（2）排除外界环境干扰，将传感器放置于电缆接头上检测信号与在空气中检测信号进行比较，若一致并且信号较小，则基本可判断为外部干扰；若不一样或变大，则需进一步检测判断（可综合利用超高频法典型干扰图谱、频谱仪和高速示波器等仪器和手段进行）。

（3）检测相邻间隔的信号，根据各检测间隔的幅值大小（即信号衰减特性）初步定位局放部位。

（4）必要时可使用工具把传感器绑置于电缆接头处进行长时间检测，时间不少于 15min，进一步分析峰值图形、放电速率图形和三维检测图形综合判断放电类型。

（5）在条件具备时，综合应用超声波局放仪等仪器进行精确的定位。

3.9.5　超声波局部放电检测技术

电缆超声波局部放电检测一般通过接触式超声波探头，在电缆终端套管、尾管以及 GIS 外壳等部位进行检测。测试点的选取务必注意带电设备安全距离并保持每次测试点的位置一致，以便于进行比较分析。检测目标及环境的温度宜在 $-10 \sim +40℃$ 范围内，空气相对湿度不宜大于 90%，若在室外不应在有雷、雨、雾、雪的环境下进行检测。

超声波局部放电检测技术的现场检测步骤如下：

（1）测试前检查测试环境，排除干扰源。

（2）对检测部位进行接触或非接触式检测。检测过程中，传感器放置应避免摩擦，以减少摩擦产生的干扰。

（3）手动或自动选择全频段对测量点进行超声波检测。

（4）测量数据记录。记录异常信号所处的相别、位置，记录超声波检测仪显示的信号幅值、中心频率及带宽。

（5）若存在异常，则应进行多点检测，查找信号最大点的位置。

（6）记录测试位置、环境情况、超声波读数。

3.9.6　电缆附件封铅涡流无损探伤技术

电缆封铅是电缆施工中的一个重要工艺，与电力电缆长期安全运行密切相关，做好电缆封铅工艺，关键在于温度控制和封铅方法，温度控制适中，不易伤及电缆绝缘且封铅成功率高，封铅方法正确，则封铅实物边缘平滑过渡且密封性良好。电缆封铅工艺对金属护套各种终端头、中间接头连接有着极其重要的密封防水作用，并可使电缆金属护层与其他电气设备连接成良好的接地系统。封铅工艺的好坏，直接关系到电力电缆的使用寿命和运行的安全可靠性。

针对电力电缆封铅附件制作要求，《额定电压 66kV～220kV 交联聚乙烯绝缘电力电缆接头安装规程》（DL/T 342—2010）等规程要求如下：

（1）封铅应与电缆金属套和电缆附件的金属套管紧密连接，封铅致密性应良好，不应有杂质和气泡，且厚度不应小于12mm。

（2）封铅时不应损伤电缆绝缘，应掌握好加热温度，封铅操作时间应尽量缩短。

（3）圆周方向的封铅厚度应均匀，外形应光滑对称。

涡流探伤检测技术运用电磁感应原理，在铅封附件附近放置检测探头。探头上发出交变的磁场且与导体材料作用，在铅封导体材料中将产生感应涡流信号，该涡流信号会直接反作用于检测探头，并进而影响检测探头上电流的幅值和相位。通过对该电流或检测探头自身阻抗的检测，可获取铅封表面开裂、沙眼、气泡或铅封厚度不足等状态信息。电缆涡流探伤检测示意图如图 3.76 所示。

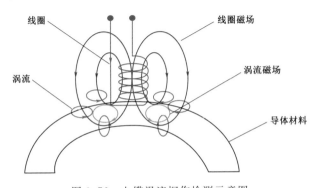

图 3.76　电缆涡流探伤检测示意图

3.9.7　电缆雷达防外破系统

在城市建设不断快速发展过程中，由于野蛮施工、非法盗挖等现象时常发生，给电力电缆的安全可靠运行带来了巨大的威胁，为了防止此类现象的发生，基于雷达的电缆防外破系统应运而生。

雷达是利用电磁波探测目标的电子设备，在白天和黑夜均能探测远距离目标，且不受雾、云和雨的阻挡，具有全天候特点，并有一定的穿透能力。通过雷达发射电磁波对目标进行照射并接收其回波，由此获得目标至电磁波发射点的距离、距离变化率（径向速度）、方位、高度等信息。以地面为目标的雷达可以探测地面的精确形状，空间分辨力可达几米到几十米，且与距离无关。雷达技术原理示意图如图 3.77 所示。

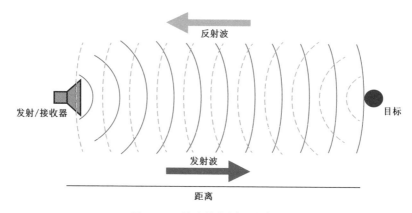

图 3.77　雷达技术原理示意图

基于雷达的防外破系统主要由雷达、声光报警单元、联动视频摄像头、监控主机等组成。通过采用雷达作为传感单元，将雷达布设在电缆沿线，雷达波束将会覆盖整个监控区域。当雷达探测到人员异常行为或大型工程机械运行后，将信息传送至监控主机，监控主机分析数据，并与现场摄像头联动，使摄像头跟踪异常位置，并以短信、电话的方式通知运维人员。运维人员可通过手机、电脑等方式查看现场情况，并及时采取声光警告措施，使现场威胁能够得到及时制止。雷达防外破系统组成如图 3.78 所示。

图 3.78　雷达防外破系统组成

第4章 电力设备带电检测技术标准化

电力设备带电检测是发现设备潜伏性运行隐患的有效手段，是电力设备安全、稳定运行的重要保障。带电检测技术标准化涉及检测人员、检测数据和检测仪器，通过制定、发布和实施检测技术相关标准，实现电力设备带电检测的统一规范性。本章介绍我国带电检测技术标准化发展现状，及对带电检测人员、检测数据和检测仪器的标准化管理规定，推动带电检测技术的发展。

4.1 带电检测技术标准化发展现状

带电检测技术在欧美等发达国家已经有近 30 年的历史，我国带电检测起步较晚，主要源于带电作业，适应输电容量增长需求，电力设备带电检测技术应运而生，但推广速度较快，在标准化方面发展迅速，初步形成了国标、行标、团标、企标等标准体系有序衔接和协调发展的局面。

4.1.1 带电检测技术标准化背景

我国带电检测技术源于带电作业，起步于 20 世纪 50 年代，当时正处于国民经济恢复和发展的初期。由于发电量迅速增长，电力设备明显不足，大工业用户对连续供电的需求日益严格，常规的停电检修因而受到限制。为了解决线路检修而用户不能停电的矛盾，"不停电检修技术"开始得到发展与应用。

2008 年北京奥运前夕，国网北京电力公司对所辖范围内的电力设备开展了局部放电检测，及时发现了设备运行缺陷，为奥运保电做出了重要贡献。自此，国家电网公司开始在全网范围内推广带电检测技术，包括局部放电、电流检测、油/气化学检测、光学成像等应用较成熟的检测技术。从 2010 年起，国网公司开始组织编写带电检测相关的技术文件《电力设备带电检测技术规范（试行)》，大力推动了带电检测标准化的发展。

4.1.2　带电检测标准化组织

国内与带电检测技术相关的技术标准化组织主要有：电力设备状态维修与在线监测标委会，输变电设备（如变压器、开关等）的电力行业标委会和各种协会的专委会，及国家电网设备管理技术标准专业工作组等企业组织。

全国电力设备状态维修与在线检测标准化技术委员会成立于 2008 年，由中国电力企业联合会筹建及进行业务指导。主要从事全国性电力设备状态维修与在线监测技术标准化工作，负责全国电力设备的检修策略、状态评估、在线监测和故障诊断等技术领域的标准化归口管理工作，为输变电设备的安全运行提供有力的技术保障。组织局部放电、光/声学成像、电流类等带电检测技术相关的各类标准制定及其修订工作。

全国电气化学标准化技术委员会成立于 2013 年，由中国电力企业联合会筹建及进行业务指导。主要从事全国性电气化学相关的技术标准化工作，负责电气设备、发、供、配电设备等电力设备所用绝缘、冷却、润滑介质的研制、应用、处理和环保以及状态检测技术领域的标准化归口管理工作，为电气设备用绝缘介质提供安全保障。组织油/气化学带电检测技术相关的各类标准制定及其修订工作。

国家电网设备管理技术标准专业工作组（TC04）是企业级标准化组织，成立于 2013 年，是国家电网有限公司电网一次设备管理领域的技术标准化工作机构。在公司科技部领导下，开展工作组组建、换届、人员调整等工作，推荐专家参加工作组工作，并开展工作组委员的考核与评价。主要负责国网公司电网一次设备状态检修、检测、分析评价和故障诊断等专业领域的标准化技术归口工作，组织了局部放电、光/声学成像、油/气化学、电流类等带电检测技术相关的企业标准制定及其修订工作。

4.1.3　带电检测技术标准化体系

目前，带电检测技术发布实施的技术标准包括国际标准和国内标准，形成了主要由检测方法、检测仪器（规程规范、技术要求）和应用导则构成的标准体系，内容涵盖了高频局放、特高频局放、超声波局放、铁芯接地电流、泄漏电流、SF_6 气体湿度、SF_6 气体成分、SF_6 气体检漏、油中溶解气体、暂态地电波、护层接地电流、红外热像检测、紫外成像等相关检测技术。

1. 国际标准

带电检测技术发布执行的国际标准主要关于局放测量、SF_6 气体检测、油中溶解气体检测等 IEC、IEEE 和 CIGRE 技术标准。

《高压试验技术-局部放电测量》（IEC 60270）最早的版本发布于 2000 年，目前修订了 2015 版。主要规定了局放测量的试验回路和测量系统，完整试验回路中测量系统的校验，校验装置；测量系统和校验装置的试验及方法；测量不准确度和灵敏度，以及直流试验的局放测量。

《从电气设备中取出六氟化硫（SF_6）的检验和处理指南及其再使用规范》（IEC 60480）最早的版本发布于 2004 年，目前修订了 2019 版。主要规定了 SF_6 气体的杂质及其来源，循环使用 SF_6 气体规范，循环使用 SF_6 混合气体规范，SF_6 及其混合气体的回收、处理、储存和运输，以及安全防护和环境方面。

《使用中的浸渍矿物油的电气设备溶解和游离气体分析结果解释的导则》（IEC 60599）最早的版本发布于 2007 年，目前修订了 2015 版。主要规定了气体产生机制、故障识别、各种比值对应情形、气体传感器中自由气体应用、运行产生的气体水平、DGA 法则推荐方法和检测报告。

2. 国内标准体系

国内现行的带电检测技术标准体系主要涉及国家标准、行业标准、团体标准和企业标准。

（1）国家标准。国家层面带电检测标准主要是推荐标准，是针对需要在全国范围内、多个行业统一的制定标准，包括带电检测方法、仪器和导则等，涵盖紫外、红外、X 射线、气相色谱法等检测技术。

（2）行业标准。行业层面带电检测标准主要是推荐标准，是针对需要在电力行业进行统一的制定的标准。包括各种带电检测方法、应用导则、技术规范和技术条件，涵盖紫外、红外、超声波、气相色谱、暂态地电压、特高频、高频、光谱分析等检测技术。

（3）团体标准。社会团体自主制定、自愿采取的标准，主要是方法、导则和规范类标准，涵盖气相色谱、红外成像、特高频局放、超声波局放等检测技术。

（4）企业标准。电网企业主要是针对企业范围内需要协调统一的技术要求、管理要求和工作所制定的标准，主要是导则和规范类标准，涵盖紫外、红外、超声波、气相色谱、暂态地电压、特高频、高频、光谱分析等检测技术。

3. 局部放电带电检测技术标准化

局部放电带电检测技术标准体系见表 4.1，目前尚未发布相关的国家标准，执行的行业标准和企业标准较多，主要关于仪器管理和现场应用导则，特别是仪器类的标准比较全面，针对高频、特高频、超声波等原理的局部放电检测，及暂态地电压、电缆振荡波局部放电检测，制定了变压器和开关设备（GIS）用局部放电检测技术应用导则，指导现场设备的带电检测。

4. 光学带电检测技术标准化

光学带电检测技术标准体系见表 4.2，发布了相关的国家、行业、团体和企业标准，应用较多的是国家标准和行业标准，主要关于仪器管理和现场应用导则，特别是仪器类的标准比较全面，针对红外成像测温、紫外放电和红外检漏检测等技术，制定了电力设备光学成像和超声波检测技术应用导则，指导现场设备的带电检测。

5. 化学带电检测技术标准化

化学带电检测技术标准体系见表 4.3，发布了相关的国家、行业、团体和企业标准，应用较多的是方法类的行业标准和仪器类的企业标准，针对油中溶解气体、SF_6 气体纯度、微水和分解产物等，制定了变压器、套管和电气设备 SF_6 气体检测技术应用导则，指导现场设备的带电检测。

6. 电流带电检测技术标准化

电流带电检测技术标准体系见表 4.4，发布了相关的行业标准和企业标准，暂无相关的国家标准和团体标准，应用较多的是仪器类的行业标准和应用导则类的企业标准，针对泄漏电流、铁芯电流和接地电流带电检测技术，制定了氧化锌避雷器、变压器和电容型设备介损检测技术应用导则，指导现场设备的带电检测。

7. 其他带电检测技术标准化

除局部放电、光学、化学和电流四大类带电检测技术外，其他带电检测技术标准体系见本章附表 5，主要执行行业标准和企业标准，应用较多的是仪器类的标准，针对开关设备分合闸线圈电流波形、高压电缆线路状态和带电检测车，及电力设备带电检测技术通用规范等，制定了相应的技术规范、技术条件或规程规范，指导现场设备的带电检测。

4.1.4 带电检测技术标准化发展前景

根据现行的带电检测技术标准体系，可知带电检测技术标准化有待进一步完善和发展，部分检测仍缺乏参考的技术标准或规程规范，主要体现为：

（1）局部放电带电检测技术方面，方法类的技术标准较少，国家标准缺乏，需完善检测方法，提供相应的各层级标准，对局放检测形成系统性的标准化管理。

（2）光学带电检测技术方面，方法类的行业和企业标准较少，需完善检测方法，发布执行性更强的指导方法，对光/声学成像带电检测形成系统性的标准化管理。

（3）化学带电检测技术方面，方法类和导则类的技术标准较少，需完善检测方法和应用导则，提供相应的各层级标准，对变压器油中溶解气体和 SF_6 气体形成系统性的标准化管理。

（4）电流带电检测技术方面，缺乏方法类标准，也无国家标准，需完善检测方法，提供相应的各层级标准，对电流类带电检测形成系统性的标准化管理。

（5）除上述四大类带电检测技术外，新带电检测技术发展迅速，如振动、机械特性检测应用较多，应完善检测方法和技术导则，形成标准体系指导应用。

随着社会对电网供电可靠性要求的提高，状态检修必将成为发展趋势，新的带电检测方法和手段不断探索、实验、推广和规范，会推动越来越多的带电检测技术融入电网状态检修工作，带电检测有望发展成为一个新的专业或工种，加强标准化建设，成立带电检测标准化委员会，对标准进行系统梳理，形成一个技术全覆盖、工作全流程的完备的带电检测标准体系。

4.2 带电检测人员管理规定

开展电力设备带电检测工作的核心是做好带电检测人员的全面管理，尽管我国开展电力设备带电检测及应用已有近二十年的历史，但由于带电检测专业属于新技术范畴，相关技术标准、管理办法等需逐步完善。因此，国家职业工种大典和电力行业职业鉴定工种目录均一直缺失带电检测专业工种，缺乏对从事带电检测工作人员规范管理的相关标准。

2019 年，随着我国带电检测专业各项工作的日臻完善，中国电力企业联合会正式把带电检测专业纳入电力行业职业技能鉴定工种，进一步确认了带电检测专业在电力行业的重要地位，带电检测专业人员管理也进入了一个全新阶段。为提升带电检测工作质量，全面加强对带电检测工作人员的规范管理，对带电检测专业人员的基本素质、工作资质、专业技能和人才培养等方面进行了规定要求。

4.2.1 检测人员基本素质要求

带电检测工作的目的是通过带电检测手段正确评价电气设备运行状态，从事带电检测工作人员须具备如下基本素质：

（1）由于电气设备的高电压等级、抽象的电气工作原理及检测技术的复杂性，带电检测人员首先必须具备具有相应的学历和专业工作经历。如：中国南方电网有限责任公司在《中国南方电网有限责任公司专业技术资格管理规定》（Q/SCG 21504—2010）中要求，具备专业人员素质的基本条件为：中专毕业、从事专业技术工作一年以上。《国家电网人才评价〔2020〕1号-申报规定 2019 年度》，人才评价中心关于职称申报的规定：取得中专学历后从事本专业工作满 1 年可认定员级资格，取得员级资格后从事本专业工作满 4 年可认定助理级资格。

（2）经医师鉴定，带电检测人员必须无妨碍带电检测工作的病症，且每年至少进行一次体格检查。

（3）熟悉带电检测技术相关规程和电网企业关于安全相关规定，如《国网电力安全工作规程》《国家电网公司十八项电网重大反事故措施》等。

（4）了解电网主要设备基本工作原理和电网设备现场运行状态。

（5）熟悉电网生产现场带电检测工作流程。

4.2.2 检测人员工作资质要求

带电检测工作属于新技术应用，专业技术性较强，对电网设备的错误诊断不仅会导致电网重大的安全事故，而且可能会造成严重的人身伤亡事故，因此，对从事带电检测的工作人员提出严格的资质要求意义重大。目前，我国电力行业从事带电检测的工作人员主要有两大类：一是电力行业主业检测人员，二是社会单位外委检测人员。

按照电力行业要求，从事带电检测技术工作的两类检测人员必须持证上岗，对于从事电气设备带电检测普测的外委人员，必须具备中国电力企业联合会颁发的带电检测专业初级工及以上的职业资格证书或带电检测入网作业证书；对于从事电气设备带电检测精确测量和故障诊断的主业人员，必须具备中国电力企业联合会颁发的带电检测专业技师及以上的职业资格证书或由电网企业颁发的同等级别的能级评价证书。

4.2.3 检测人员专业技术管理

为进一步加强带电检测工作的深入开展，充分发挥带电检测工作在电网设备状态评价中的重要作用，电力行业对带电检测人员的专业能力进行职业资质等级考核或进行专业能力等级评价，并通过带电检测人员资质等级与薪酬挂钩的激励机制，保障带电检测专业优秀的人才队伍和带电检测技术广泛的生产应用。

按照电力行业职业技能鉴定等级划分，带电检测工共分为五个职业资质等级：带电检测初级工、带电检测中级工、带电检测高级工、带电检测技师和带电检测高级技师。如国家电网公司结合电网企业自身特点，按照专业能力等级评价把带电检测专业也划分为从初级到高级技师的五个等级，电网主业人员考取职业技能鉴定等级证书或能级等级评价证书，相同等级证书具有相同等级资质；社会单位外委检测人员可参加电力行业职业技能鉴定取证考试，不参加国家电网能级评价。目前，电网企业在人才评价方面都制定了相应的考评制度或细则，评价工作已深入开展。如国家电网对高级技师评价出台有《国家电网有限公司技能等级评价基地管理实施细则》；评价考评员管理出台有《国家电网有限公司技能等级评价考评员管理实施细则》；评价质量督出台有《国家电网有限公司技能等级评价质量督导实施细则》。

为提升带电检测专业技术的精细化管理，推动检测技术的深入发展，中国电力企业联合会结合从事带电检测工作人员的现实情况，于 2020 年颁布了《变电站带电检测人员培训考核规范》（T/CEC 317—2020），把带电检测专业细分为四类：局部放电带电检测类、光学带电检测类、化学检测和电流检测；并将每类专业划分为三个技术等级：基础Ⅰ级、提升Ⅱ级和综合Ⅲ级。现场从事带电检测工作人员可根据自身从事工作的实际情况，考取相应类别及等级的证书。

4.2.4 带电检测人才培养管理

人才培养是企业持续高质量发展的必需手段，如国家电网在《加快人才高质量发展意见》（国家电网党〔2020〕57 号）中就制定了 6 个方面共 18 项人才培养举措。为打造带电检测专业优秀人才队伍，确保带电检测技术创新发展，更好地服务于电力生产实践，中国电力企业联合会专门成立了带电检测技术教研组，以引领带电检测技术发展与应用为导向，全面规划和指导电力行业的带电检测技术工作，开展多种形式对带电检测人才进行培养管理。

（1）遴选电力行业科研机构、知名高等院校、电力生产企业、生产设备制造厂家和培训教育机构大批优秀带电检测专家，颁发专家聘用证书，根据专业研究方向建立带电检测专家库，为电力生产带电检测各项工作做好技术支撑。

（2）做好带电检测专业培训师选拔、聘用和考核工作，细化培训师专业素质、工作职责、综合能力等各项指标要求；组织培训师定期组织参加学习和能力提升培训，培养优秀培训师资队伍，提高带电检测专业培训质量，并结合培训师考核结果为优秀培训师颁发荣誉证书；持续不断选拔新人充实到培训教师队伍来，保持带电检测专业培训人才资源优势。

（3）重点加强对优秀的带电检测骨干培养指导，组织参与带电检测专业规划制定、制度编写、技术攻关等重大工作事项，使他们逐步成为电力企业、电力行业优秀专家技术人才。

（4）组织开展带电检测专业生产技能大赛、创新创意大赛等，推动优秀人才快速成长和脱颖而出；对切实解决带电检测生产技术难题和为带电检测工作做出重大贡献的个人进行嘉奖。

（5）持续开展带电检测人才国际国内交流与学习活动、举办专业技术论坛讲座和组织线下或线上专业会议等，为优秀的带电检测人才搭建平台，拓展专业发展空间，保障优秀专业人才健康成长。

4.3 带电检测数据管理

电力设备带电检测会形成各种检测数据，是分析设备运行状态的重要依据，可见检测数据的统一规范性是设备带电检测的重要基础。目前暂无相关的国家标准和行业标准对带电检测数据进行规范管理要求，仅有部分企业标准对某类检测仪器的数据进行了示范性规定。为了确保检测结果的有效性和规范性，需对局部放电、光学、化学、电流及其他带电检测数据进行标准化管理。

4.3.1 局部放电检测数据

参考现行相关企标的规定，对高频特、高频和超声波等局部放电检测数据进行标准化管理，具体要求为：

（1）局部放电检测数据文件采用二进制数据格式进行存储，每个数据文件存储一张或多张图谱的数据。当保存多张图谱时，在文件头部和文件尾部之间，依次存放各个图谱的数据。

（2）数据文件命名规则为：图谱生成时间．扩展名。图谱生成时间的格式为：YYYYMMDDhhmmssfff。示例：20170701080102001.dat。如果必要，可在时间前面加不超过32个字符的字符串用来表示特定的含义。

（3）为确保数据文件的完整性，若文件数据中的可选数据项未使用，则为其保留存储位置，且数据项各位全设为1，例如4个字节的float型应设为0xFFFFFFFF。有具体赋值说明的除外。若定义为char类型的数据项未使用，则全部用"\0"填充。

参见标准：《电力设备带电检测仪器技术规范 第5部分：高频法局部放电带电检测仪器技术规范》（Q/GDW 11304.5—2015）、《电力设备带电检测仪器技术规范第8部分：特高频法局放电带电检测仪器技术规范》（Q/GDW 11304.8—2015）、《局部放电超声波检测仪技术规范》（Q/GDW 11061—2017）。

4.3.2 光学检测数据

参考现行相关企标的规定，对光学检测数据进行标准化管理，红外测温数据的具体要求为：

（1）温度数据存储为点阵数据文件，包括通用数据文件格式和二进制数据格式。

（2）通用数据文件格式定义了文件总长度、温度点阵宽度、温度点阵高度、CCD视频截图数据文件长度、红外视频截图数据文件长度、红外温度点阵数据、CCD视频截图数据文件、红外视频截图数据文件、红外视频格式。

（3）二进制数据格式规定所有数据都是以二进制方式存储在数据表中；可见光照片与红外照片文件中存储的数据是将JPEG格式的文件以二进制码的方式存储；红外热图温度点阵数据是以单精度浮点数（4个字节）存储的温度点阵数据，长度为温度点阵宽度×温度点阵高度×4。

参见标准：《电力设备带电检测仪器技术规范 第2部分：电气设备检测用红外热像仪技术规范》（Q/GDW 11304.2—2015）

4.3.3 化学检测数据

目前未有相关标准对化学检测数据进行规定，但随着现场带电检测人员水平提升和设备运行状态诊断技术发展，对检测数据的需求也在提高，尤其是基于气相色谱原理的检测技术，需使用原始谱图。

1. 油中溶解气体检测

参照《变电设备在线监测系统技术导则》，对变压器油中溶解气体的气相色谱检测数据进行标准化管理，要求为：

（1）检测数据包括具体数值和检测图谱。

（2）检测数据中的被监测对象，包括设备标识（字符），检测装置标识（字符）、监测时间为日期，被监测设备相别（字符）。

（3）检测数据应包括：氢气（数字）、甲烷（数字）、乙烷（数字）、乙烯（数字）、乙炔（数字）、一氧化碳（数字）、二氧化碳（数字）、氧气（数字）、氮气（数字）、总烃（数字）；氢气浓度告警（布尔型）、甲烷浓度告警（布尔型）、乙烷浓度告警（布尔型）、乙烯浓度告警（布尔型）、乙炔浓度告警（布尔型）、一氧化碳浓度告警（布尔型）、二氧化碳浓度告警（布尔型）、总烃浓度告警（布尔型）、监测设备自检异常（布尔型）。

（4）检测谱图的数据格式建议为二进制流。

2. SF_6 气体检测

参照现行企标的管理规定，对设备中 SF_6 气体检测数据进行了规范性要求，分别为：

（1）检测数据中的被监测对象，包括被检测设备信息（类型、电压等级、相别、出厂日期等）、检测装置信息、环境条件（温度、相对湿度和海拔高度）。

（2）检测数据：SF_6 气体纯度用体积或质量分数表示（数字，单位为％）；SF_6 气体湿度用体积分数（数字，单位为 $\mu L/L$）或露点表示（数字，单位为℃）；SF_6 气体分解物包括 SO_2、H_2S、CO 或 HF 的检测数据，用体积分数表示（数字，单位为 $\mu L/L$）。

参见标准：《SF_6 气体分解产物检测技术应用导则》（Q/GDW 1896—2013）

4.3.4 电流及其他带电检测数据

目前暂未有相关标准对电流检测数据进行规定，参照《变电设备在线监测系统技术导则》，电流检测数据的标准化管理要求为：

（1）基础部分包含被监测设备标识（字符）、监测装置标识（字符）、监测时间（日期）、被监测设备相别（字符）、监测设备自检异常（布尔型）。

（2）铁芯电流检测部分包含铁芯全电流（数字）、铁芯电流告警（布尔型），负荷电流检测部分还包含动作（整型）、负荷电流波形（二进制流），负荷电流告警（布尔型）。

除局部放电、光学、化学和电流带电检测外，现行企标对高压开关机械特性检测数据管理进行了要求，采用 Excel 文件数据格式，包括：

（1）基础部分：变电站名称、设备编号、设备型号、操作人员、操作时间、环境温度、环境湿度、操作类型、合闸/分闸，数据格式为字符型；

（2）检测数据：操作电压、行程、超程、速度、时间、同期性、线圈电流、储能电机启动电流峰值、储能电机储能时间，数据格式为数字。

参见标准：《电力设备带电检测仪器技术规范　第 17 部分：高压开关机械特性检测仪器技术规范》（Q/GDW 11304.17—2014）。

4.4 带电检测仪器技术规范

带电检测仪器技术规范见表 4.1～表 4.4。

表 4.1　局部放电带电检测技术标准体系

类别	行业标准	团体标准	企业标准
方法	《油浸式电力变压器局部放电的特高频检测方法》(DL/T 1534—2016)		①《局部放电检测仪器技术规范　第8部分：特高频局部放电带电检测传感器现场检验规范》(Q/GDW 11304.8—2015) ②《气体绝缘金属封闭开关设备特高频局部放电检测仪》(Q/GDW 11282—2014) ③《气体绝缘金属封闭开关设备（GIS）局部放电特高频检测技术规范》(Q/CSG 11401—2010) ④《电力设备带电检测仪器技术规范　第5部分：高频局部放电带电检测仪技术规范》(Q/GDW 11304.5—2015) ⑤《局部放电超声波检测仪技术规范》(Q/GDW 11061—2017) ⑥《电力设备带电检测仪器技术规范　第9部分：超声波法带电检测仪技术规范》(Q/GDW 11304.9—2015) ⑦《暂态地电压局部放电检测仪技术规范》(Q/GDW11063—2013) ⑧《电力电缆局部放电带电检测仪技术规范》(Q/GDW 11224—2014) ⑨《电力设备带电检测仪器技术规范　第16部分：暂态地电压带电检测仪技术规范》(Q/GDW 11304.16—2015) ⑩《局部放电超声波检测装置校准规范》(Q/GDW 10481—2016)
仪器	①《局部放电测量量校准规范》(DL/T 356—2010) ②《气体绝缘金属封闭开关设备局部放电特高频检测技术规范》(DL/T 1630—2016) ③《高电压测试设备通用技术条件　第11部分：特高频局部放电检测仪》(DL/T 846.11—2016) ④《高压测试仪器及仪表校准规范　第1部分：特高频局部放电在线监测装置》(DL/T 1694.1—2017) ⑤《超声波法局部放电测试仪通用技术条件》(DL/T 1416—2015) ⑥《超声波法局部放电测试设备通用技术条件》(DL/T 1416—2015) ⑦《高电压测试设备通用技术条件　第10部分：暂态地电压局部放电检测仪》(DL/T 846.10—2016) ⑧《基于暂态地电压法局部放电测量系统校准规范》(DL/T 1954—2018) ⑨《6kV～35kV电缆振荡波局部放电测量系统》(DL/T 1575—2016) ⑩《6kV～35kV电缆振荡波局部放电测试校准方法》(DL/T 1932—2018)		
导则	①《气体绝缘金属封闭开关设备带电超声局部放电测试应用导则》(DL/T 1250—2013) ②《注浸式电力变压器、电抗器局部放电超声检测与定位导则》(DL/T 1807—2018)	《气体绝缘金属封闭开关设备局部放电超声测量缺陷定位技术应用导则》(T/CSEE/Z 0004—2016)	①《气体绝缘金属封闭开关设备带电局部放电检测应用导则》(Q/GDW 11059—2013) ②《交流金属封闭开关设备局部放电带电测试技术现场应用导则》(Q/GDW 11060—2013) ③《电力设备高频局部放电带电检测技术现场应用导则》(Q/GDW 11400—2015)

表4.2 光/声学成像带电检测技术标准体系

类别	国家标准	行业标准	团体标准	企业标准
方法		《高压交流变电站可听噪声测量方法》(DL/T 1327—2014)		
仪器	①《工业检测型红外热像仪》(GB/T 19870—2018) ②《工业检测型红外热像仪》(GB/T 19870—2018)	①《电力巡检用头戴式红外成像测温仪技术规范》(DL/T 1791—2017) ②《电气设备六氟化硫激光检漏仪通用技术条件》(DL/T 1140—2012) ③《高压电气设备紫外检测用紫外成像仪技术条件》(DL/T 1779—2017)	《电力检测型红外成像仪校准规范》(T/CEC 113—2016)	①《电力设备带电检测仪器技术规范 第2部分:红外热像仪技术规范》(Q/GDW 11304.2—2015) ②《电力设备带电检测仪器技术规范 第3部分:紫外成像仪技术规范》(Q/GDW 11304.3—2015) ③《电力设备带电检测仪器技术规范 第15部分:SF_6气体泄漏红外成像法带电检测仪器技术规范》(Q/GDW 11304.15—2015) ④《红外测温仪、红外热像仪校准规范》(Q/GDW 468—2010) ⑤《±800kV特高压直流换流站阀厅红外测温系统技术规范》(Q/GDW 11501—2016)
导则	《高海拔地区电气设备紫外线成像检测导则》(GB/T 37141—2018)	①《带电设备紫外诊断技术应用导则》(DL/T 345—2010) ②《电网在役支柱绝缘子及瓷套超声波检验》(DL/T 303—2014) ③《带电设备红外诊断技术应用导则》(DL/T 664—2016)		①《高压电气设备紫外检测技术导则》(Q/GDW 11003—2013) ②《六氟化硫气体泄漏成像测试技术现场应用导则》(Q/GDW 11062—2013)

表 4.3　油/气化学带电检测技术标准体系

类别	国 家 标 准	行 业 标 准	团 体 标 准	企 业 标 准
方法	①《电力用油（变压器油、汽轮机油）取样方法》（GB/T 7597—2007） ②《运行中变压器油、汽轮机油水分测定法（气相色谱法）》（GB/T 7601—2008） ③《运行中变压器油和汽轮机油水分含量测定法（库仑法）》（GB/T 7600—2C14） ④《绝缘油中溶解气体组分含量的气相色谱测定法》（GB/T 17623—2017）	①《六氟化硫气体中空气、四氟化碳的气相色谱测定法》（DL/T 920—2005） ②《电气设备用六氟化硫（SF_6）气体取样方法》（DL/T 1032—2006） ③《绝缘油中含气量测定方法 真空压差法》（DL/T 423—2009） ④《六氟化硫电气设备分解产物试验方法》（DL/T 1205—2013） ⑤《六氟化硫电气设备气体故障分析和判断方法》（DL/T 1359—2014） ⑥《绝缘油中含气量的气相色谱测定法》（DL/T 703—2015）	《六氟化硫电气设备中六氟化硫气体纯度测量方法》（T/CEC 140—2017）	
仪器	《六氟化硫分解物检测仪校准规范》（JJF 1711—2018）	①《六氟化硫检测仪技术条件——分解产物检测仪》（DL/T 1876.1—2018）	《六氟化硫气体分解产物检测仪校验方法》（T/CEC 126—2016）	①《电力设备带电检测仪器技术规范 第4-1部分：油中溶解气体分析带电检测仪器技术规范（气相色谱法）》（Q/GDW 11304.41—2015） ②《电力设备带电检测仪器技术规范 第4-2部分：油中溶解气体分析带电检测仪器技术规范（光声光谱法）》（Q/GDW 11304.42—2015）

续表

类别	国 家 标 准	行 业 标 准	团 体 标 准	企 业 标 准
仪器	《六氟化硫分解物检测仪校准规范》(JJF 1711—2018)	《六氟化硫检测仪技术条件—分解产物检测仪》(DL/T 1876.1—2018)	《六氟化硫气体分解产物检测仪校验方法》(T/CEC 126—2016)	③《变压器油中溶解气体在线监测装置技术规范》(Q/GDW 10536—2017) ④《电力设备带电检测仪器技术规范 第 11 部分:SF₆ 气体湿度带电检测仪器技术规范》(Q/GDW 11304.11—2015) ⑤《电力设备带电检测仪器技术规范 第 12 部分:SF₆ 气体纯度带电检测仪器技术规范》(Q/GDW 11304.12—2015) ⑥《电力设备带电检测仪器技术规范 第 13 部分:SF₆ 气体分解产物带电检测仪器技术规范》(Q/GDW 11304.13—2015)
导则	①《绝缘套管 油为主绝缘(通常为纸)浸渍介质管中溶解气体分析(DGA)的判断导则》(GB/T 24624—2009) ②《变压器油中溶解气体分析和判断导则》(GB/T 7252—2001) ③《六氟化硫电气设备中气体管理和检测导则》(GB/T 8905—2012)	①《变压器油带电度现场测试导则》(DL/T 1095—2008) ②《变压器油中溶解气体分析和判断导则》(DL/T 722—2014)		①《SF₆ 气体分解产物检测技术现场应用导则》(Q/GDW 1896—2013) ②《SF₆ 气体湿度带电检测技术现场应用导则》(Q/GDW 11305—2014) ③《SF₆ 气体纯度带电检测技术现场应用导则》(Q/GDW 11644—2016)

表 4.4 电流类带电检测技术标准体系

类别	国标	行业标准	企业标准
仪器	《泄漏电流测试仪》(GB/T 32191—2015)	①《高压测试仪器及设备校准规范 第5部分：氧化锌避雷器阻性电流测试仪》(DL/T 1694.5—2017) ②《氧化锌避雷器阻性电流检测仪校准规范》(DL/T 1787—2017) ③《相对介损及电容量检测仪通用技术条件》(DL/T 987—2005) ④《变压器铁芯接地电流测量装置通用技术条件》(DL/T 1433—2015) ⑤《相对介损及电容测试仪通用技术条件》(DL/T 1516—2016)	①《电力设备带电检测仪器技术规范 第7部分：电容型设备绝缘带电检测仪技术规范》(Q/GDW 11304.7—2015) ②《电力设备带电检测仪器技术规范 第6部分：电力设备接地电流带电检测仪校准规范》(Q/GDW 11304.6—2015) ③《相对介损及电容检测仪校准规范》(Q/GDW 11521—2016) ④《变压器铁芯接地电流在线监测装置技术规范》(Q/GDW 1894—2013)
导则			①《电容型设备介质损耗因数和电容量带电测试技术现场应用导则》(Q/GDW 1895—2013) ②《变压器铁芯接地电流带电检测技术现场应用导则》(Q/GDW 11368—2014) ③《避雷器泄漏电流带电检测技术现场应用导则》(Q/GDW 11369—2014)

表 4.5 其他带电检测技术标准体系

类别	行业标准	企业标准
仪器	①《输变电设备状态检修试验规程》(DL/T 393—2010) ②《电力设备专用测试仪器通用技术条件 第3部分：电缆路径仪》(DL/T 849.3—2004) ③《高电压测试设备通用技术条件》(DL/T 846—2016)	①《开关设备分合闸线圈电流波形带电检测技术规范》(Q/GDW 11366—2014) ②《高压电缆线路状态检测技术规范》(Q/GDW 11223—2014) ③《带电检测车技术规范》(Q/GDW 11226—2014) ④《电力设备带电检测仪器技术规范》(Q/GDW 11304—2015) ⑤《电力设备带电检测仪器技术规范 第17部分：高压开关机械特性检测仪器技术规范》(Q/GDW 11304.17—2014)

第5章 带电检测人员培训评价

5.1 带电检测人员考核评价办法

5.1.1 考核评价目的及范围

为了适应国家职业资格改革要求，充分发挥企业主体作用，建立技能人员多元化评价机制，畅通技能人员职业发展通道，加快建设一支纪律严明、素质优良、技艺精湛的高技能人才队伍。行业协会、国家电网有限公司、发电企业根据自身业务特点，近年来逐步建立起了带电检测技术人员的培训、考核评价体系，对带电检测人员的评价维度、评价能力项、评价等级、评价模块及其推荐评价方式进行了全面规定，并给出了知识评价与操作评价权重意见。

考核评价的目的是满足电网及发电企业带电检测人员技能水平的评价和职工培训需要，促进带电检测人员的素质提升。考核评价要客观、准确地反映工作现场对带电检测工作人员的知识和技能要求，满足带电检测人员在培训、人才技能等级评价的需要，评价内容应力求具体化，可度量、可检验，便于实施。

考核评价的项目应覆盖主要的输变电设备，包括但不限于变压器、电抗器、套管、电流互感器、电压互感器、金属氧化物避雷器、GIS（HGIS）、断路器、开关柜、电缆等，带电检测项目包括局部放电检测、光学成像检测、化学检测（包含带电离线检测）、电流类检测等。

5.1.2 考核评价流程

2020 年 6 月 30 日，中国电力企业联合会发布《变电站带电检测人员培训考核规范》（T/CEC 317—2020），规定了变电站带电检测人员的能力等级、能力标准、考核评价、证书及有效期等内容。2021 年 1 月 27 日，发布了《中电联关于开展电力行业变电站带电检测人员专业能力评价工作的通知》（中电联鉴教

〔2021〕25 号），正式组织开展变电站带电检测人员专业能力评价工作。

中电联技能鉴定与教育培训中心负责考核组织的归口管理，中电联人才测评中心有限公司负责评价组织机构与平台建设服务，各评价基地负责评价考试等具体实施。各评价基地每年分别组织开展局部放电检测、光学检测、化学检测、电流检测四个专业类别评价考试，分为Ⅰ级、Ⅱ级和Ⅲ级。

考核评价流程包括报名、取证考试、复证考试三个阶段。

（1）报名。符合条件的人员登录电力行业人才发展服务平台（www.epta.org.cn），填报申报信息和相应证明材料。

（2）取证考试。取证考试由理论考试和操作技能考试组成。

（3）复证考试。证书有效期为 3 年，持证人员应在有效期满前半年内向发证机构提出复证申请。

5.1.3　考核评价证书管理

中国电力企业联合会颁发的证书分为Ⅰ级、Ⅱ级和Ⅲ级，经考试合格后，颁发《电力行业专业能力证书》，证书有效期为 3 年，持证人应在有效期满半年内向发证机构提出复证申请，复证人员在通过资格审查、业绩举证及答辩合格后，方可参加复证能力等级的考核评价，考核项目从能力项对应的知识及技能点中抽取。

5.2　带电检测人员培训

5.2.1　培训模式

带电检测人员培训通常采取集中理论教学、仿真操作与实际操作相结合的培训形式，充分考虑学员的工作背景及动手操作能力，注重实操训练，激发学员的学习兴趣和参与意识，提高培训教学效果。

带电检测项目教学方法丰富多样，常用的教学方法包括：

1. 讲授法

讲授法是通过老师讲学员听的方式，将带电检测所需要的基础知识、检测原理、规章制度等，按照一定逻辑，系统地传递给学员的培训方式。讲授的特点是比较简单，易于操作，成本不会太高。但是，讲授是一种单向沟通的过程，学员容易感到单调和疲倦。

2. 讨论法

带电检测技术是一门不断发展完善的新技术，讨论法就是让每位学员介绍自己工作经验、对带电检测的认识和感悟，达到教学相长的效果。讨论法有三种形式，即集体讨论法，小组讨论法和对立讨论法。该法的优点是信息可以多向传递，但时间成本较高，教师的作用很重要，有时候讨论会走题，这就需要教师的指导和控制。

3. 案例法

教师将实际工作过程中遇到的典型设备缺陷，以及带电检测发现缺陷的过程整理成案例，在课堂上以案例的形式向大家展示，让学员分成小组讨论，这样可以锻炼学员分析判断实际问题的能力，有助于提升学员带电检测结果分析能力。这种方法费用低，反馈效果好。

4. 仿真法

通过仿真软件，模拟带电检测全过程，包括：仪器和工器具的选取、安全措施布置、接线、仪器操作、检测、结果分析等，使学员在安全的环境中模拟各带电检测项目操作过程，该方法具有成本低、效果较好的特点。

5. 实操训练

通过现场的实际设备或培训机构的实训系统，使学员在真实的设备环境下，通过角色扮演的方式，开展带电检测全流程操作，包括：班前会、检测、班后会、检测报告编写等工作，可有效提升学员实操技能。该方法效果最好，但成本较高。

5.2.2 培训平台

带电检测培训工作使用真实的电力设备进行带电检测培训具有高危险性，同时，缺乏重复性、设备寿命短。为保证各培训项目的安全、持续、标准一致地实施开展，带电检测培训工作通常结合各带电检测实训项目的特点，采用针对性、专门化的实训设施与培训平台，主要有：

1. 实训系统

实训系统包括变压器故障智能模拟与控制实训系统、GIS 局部放电故障模拟系统、电流互感器故障模拟系统、相对介质损耗因数和相对电容量比值测量实训系统、暂态地电压法局部放电检测实训系统、油中溶解气体检测及故障诊断实训系统、SF_6 气体组分分析实训系统等，实训系统要可靠的模拟局放缺陷的声光电磁等信号，能对发热、局部放电等故障进行精确控制，可为相关培训项目提供真实可控的故障特征测试对象，信号精确可控，且有较好的重复性和一致性，适合大规模培训。

2. 三维仿真实训系统

三维仿真实训系统包括电网设备智能状态监测技术仿真培训系统等。采用数字仿真三维场景引擎，构建一套状态监测数字仿真与网络培训系统，包含状态监测测试仪器、仪表仿真使用、变压器超声波局部放电检测、GIS 超高频局部放电检测、开关柜暂态对地电压局部放电检测、开关柜超声波局部放电检测、电缆振荡波局部放电检测、红外检测、电容型设备带电检测、避雷器带电检测、SF_6 气体分析检测等项目的仿真作业。可开展常见状态检测技术仪器仪表使用与作业过程的仿真培训和在线考核。

5.2.3 培训工作开展情况

国家电网公司带电检测培训工作开展较早，2013 年前多由各省公司自行组织带电检测培训工作，结合省公司级的带电检测竞赛开展，培养出一批初步具备检测能力的技术人员。根据国网公司 2013 年运维检修重点工作安排，在国网公司运检部统一部署下，委托国网技术学院，于 2013 年 6 月启动了电网设备带电检测集中培训工作。该培训组织业内知名专家制定了电网设备状态检测培训方案，组织专家团队，按照标准化流程进行了培训项目优化，在科学的培训需求诊断基础上，有针对性地设计了培训内容；在内容、方式、教材考核等核心内容上做到标准统一，保障培训效果；注重实用性与前沿性相结合，确保学员听得懂、学得会、用得上。

2013 年 9—12 月，国网技术学院面向国网公司系统各单位从事设备状态检测与评价的技术类与技能类人员，开展红外热像检测、GIS 特高频法及超声波法局部放电检测、油中溶解气体分析、相对介质损耗因数和相对电容量比值测量；SF_6 气体湿度、纯度和分解物分析，以及开关柜暂态地电压法局部放电检测六个带电检测培训。培训分为技术类和技能类，根据不同人员工作性质，利用不同培训手段开展培训，共培训 1000 余人，培训内容丰富，针对性强，重点突出，形式多样，满足了不同岗位人员的培训需求，取得了良好的培训效果。

为了进一步提高培训针对性，2014 年，国网公司在规范考核和培训形式等方面做出了改进，进一步提高了培训效果。一是细化培训类型，提高培训针对性。2014 年电网设备状态检测培训班技能类分为Ⅰ类、Ⅱ类和Ⅲ类，针对性更强，更好地适应了状态检测不同工作岗位、不同情况的人员培训需求，进一步提高了培训效果；二是实行上机考试，严格规范考核。对理论考试题库进行了扩充更新，实现了理论考试统一题库随机抽题的考核模式，使考核方式更加规范合理，避免了人为因素导致的错判情况；三是增加仿真实训，丰富课程形式。技能Ⅰ类、Ⅱ类培训班在理论课和实训课程中间加入了仿真实训，不仅使学员更加直观掌握电网设备内部结构，而且作为理论到实训的中间环节，增加了仿真实训作为过渡缓冲，更加合理，使学员更加容易接受；四是引领创新，积极探索系统内合作基地培训模式。2014 年 11 月 10—29 日，国网技术学院与国网新疆培训中心成功合作举办四期电网设备状态检测培训班。2014 年，国网公司共完成了 2500 人的带电检测培训。

2015 年，国网公司组织开展了状态检测培训基地评选工作，最终，国网北京电力、国网江苏电力、国网四川电力、国网陕西电力、国网河南电力、国网吉林电力的运检部（以及国网河南电力人资部）、电科院及培训中心（或分院）在组织机构、师资、设备场地、培训管理与质量保证体系以及后勤保障等方面达到了作为培训基地的各项要求，确定成为电网设备状态检测培训基地。同年，国网公司继续开展带电检测技术推广工作，分别在国网技术学院和七个培训基地举办带电检测培训班，完成 72 期、6500 人的带电检测培训，至此，国网公司在带电检测技术推广方面完成了"万人计划"的培训。

2016 年，国家电网公司继续组织开发了紫外成像检测、SF_6 气体泄漏检测、光谱分析检测、声学震动检测、交叉互联系统接地电流检测五种带电检测技术，并开展了推广应用培训，截至 2020 年底，共培训 1000 余人次。

2021 年，国家电网公司针对变电运维 2～4 年的岗位员工开展培训，培训内容主要包括，变压器油取样及色谱分析、GIS 带电检测、GIS 气室诊断分析、变电设备精确测温等，计划完成 5000 人的变电运维青年骨干轮训。

5.3　带电检测人员考核评价

5.3.1　带电检测人员应具备的知识和技能

变电站带电检测人员应具备的通用知识和能力见表 5.1：

表 5.1　　　　　　　　　　通 用 知 识 和 能 力

序号	纬度	知　识			能　力		
		1	2	3	1	2	3
1	基础知识和技能	电工基础	电力系统分析	电力一次设备结构和原理	紧急救护	计算机操作	电气识图
2	安全生产	电力安全生产规程及安全防护技术	误差分析及控制	电子技术	工作票的正确填写和使用	仪器仪表、工器具的使用和维护	安全用具的使用
3	相关知识和技能	电机学	电力用油、气	电工常用材料	班组管理	仪器管理	
4	职业素养	企业文化	职业道德	法律法规	电力应用文写作	沟通协调与团队建设	

各带电检测项目需具备知识和能力要求概括见下表5.2：

表 5.2 带电检测项目的知识和能力

知 识	能 力
1. 掌握专业基础知识 2. 掌握需检测的故障或缺陷的定义、产生原因和危害 3. 掌握带电检测项目的相关规定及标准方法、检测指标 4. 掌握检测项目的检测原理、流程及处置的相关规定 5. 掌握输变电设备的功能、原理及内部构造，如变压器、电力电缆、套管、互感器、避雷器等容性设备	1. 能够完成检测仪器的接线、校验和日常维护，掌握仪器维护保养注意事项和使用技巧 2. 能够操作测试软件的常用功能，完成数据的采集、存储 3. 能够编写作业指导书并完成现场检测 4. 能够综合运用多种检测手段（特高频或超声波等）对检测结果做出准确分析、诊断 5. 能够编写测试报告并给出检修策略

5.3.2 考核评价内容及标准

根据《变电站带电检测人员培训考核规范》（T/CEC 317—2020），变电站带电检测人员（以下简称"检测人员"）应具备的专业能力分为基础能力和专业能力两大类，专业能力包含局部放电检测、化学检测、光学检测和电流检测四个专业能力模块，检测人员的能力等级，能力等级分为Ⅰ级、Ⅱ级和Ⅲ级。

取证考试由理论考试和操作技能考试组成。

1. 理论考试

采用网络机考或闭卷笔试的方式。各等级理论考试知识点见《变电站带电检测人员培训考核规范》（T/CEC 317—2020）。考试总分为100分，80分及以上合格。

理论考试题型及分值见表5.3：

表 5.3 理论考试题型及分值

序 号	题 型	数 量	单个分值	小 计
1	单选题	25	1	25
2	多选题	15	2	30
3	判断题	20	1.5	30
4	简答题	3	5	15
合 计				100

2. 操作技能考试

采用实操考试方式，各专业类别分别考核多个项目，均为必考项。各项目满分均为100分，80分合格，不合格者可给予一次补考机会，考试总成绩为各科目成绩的平均值。

各等级操作技能考试考核项目见表 5.4：

表 5.4　　　　　　　　　　　操作技能考试考核项目列表

类别	等级	考　核　项　目	备注
局部放电检测	Ⅰ级	高频局部放电检测仪器仪表的使用、维护及一般现场检测	必考
		特高频局部放电检测仪器仪表的使用、维护及一般现场检测	必考
		超声波局部放电检测仪器仪表的使用、维护及一般现场检测	必考
		暂态地电压局部放电检测仪器仪表的使用、维护及一般现场检测	必考
	Ⅱ级	高频局部放电检测技术的现场检测	必考
		特高频局部放电检测技术的现场检测	必考
		超声波局部放电检测技术的现场检测	必考
		暂态地电压局部放电检测技术的现场检测	必考
	Ⅲ级	高频局部放电检测技术的分析诊断	必考
		特高频局部放电检测技术的分析诊断	必考
		超声波局部放电检测技术的分析诊断	必考
		暂态地电压局部放电检测技术的分析诊断	必考
光学检测	Ⅰ级	红外热像检测仪器仪表的使用、维护及一般现场检测	必考
		SF_6 气体泄漏红外成像检测仪器仪表的使用、维护及一般现场检测	必考
	Ⅱ级	红外热像精确检测	必考
		SF_6 气体泄漏红外成像检测技术现场检测	必考
	Ⅲ级	红外热像检测技术分析诊断	必考
		SF_6 气体泄漏红外成像检测技术分析诊断	必考
化学检测	Ⅰ级	油中溶解气体分析检测仪器仪表使用与维护	必考
		SF_6 气体检测仪器仪表使用与维护	必考
	Ⅱ级	油中溶解气体分析技术现场检测	必考
		SF_6 气体检测技术现场检测	必考
	Ⅲ级	油中溶解气体分析技术分析诊断	必考
		SF_6 气体检测技术分析诊断	必考
电流检测	Ⅰ级	容性设备相对介损和电容量检测仪器仪表使用与维护	必考
		接地电流检测仪器仪表使用与维护与接地电流检测技术现场检测	必考
		避雷器阻性泄漏电流检测仪器仪表使用与维护	必考

类别	等级	考 核 项 目	备注
电流检测	Ⅱ级	容性设备相对介损和电容量检测技术现场检测	必考
		避雷器泄漏电流检测技术现场检测	必考
	Ⅲ级	容性设备相对介损和电容量检测技术分析诊断	必考
		接地电流检测技术分析诊断	必考
		避雷器泄漏电流检测技术分析诊断	必考

3. 复证考试

复证人员在通过资格审查、业绩举证及答辩合格后，方可参加复证能力等级的考核评价。

复评人员申请复评审查时，如提供虚假资质资料、业绩资料或隐瞒持证期间发生重大质量事件事故情况，则该能力评价证书作废，且两年内不得参加能力评价考核。

复证时，学员在对应认证等级的实操项目中随机抽取一项进行考核，满分均为 100 分，80 分合格，不合格者可给予一次补考机会。

第6章 带电检测典型案例

近年来，电气设备的带电检测技术得到了长足发展，出现了许多性能优异的检测仪器，检测仪器功能也日益完善，不同类型的带电检测项目在电网公司、发电公司得到较为广泛应用，为及时感知电气设备状态起到了积极作用，也出现了许多非常成功的带电检测案例。本章节阐述了在电气设备局部放电检测、光学成像检测、化学检测、电流检测、振动声学检测等主要检测项目中采用带电检测技术的典型案例，从案例的技术路线出发，介绍测试背景及技术要点，然后通过较为详细的测试结果分析，得出引起缺陷的原因，并给出案例的验证结果。

6.1 局部放电检测案例

6.1.1 126kV GIS 设备母分间隔特高频局部放电检测案例

6.1.1.1 检测技术路线

局部放电检测特高频法的技术路线，是通过特高频传感器对电力设备中局部放电时产生的特高频电磁波（300～3000MHz）信号进行检测，从而获得局部放电的相关信息，实现局部放电监测。根据现场设备情况的不同，可以采用内置式特高频传感器和外置式特高频传感器。

根据检测频带的不同，特高频（UHF）局部放电检测可分又为窄带和宽带两种监测方式。UHF 宽带监测系统利用前置的高通滤波器测取 300～3000MHz 频率范围内的信号；UHF 窄带监测系统则利用频谱分析仪对特定频段信号进行监测，通过选择合适的中心频率能够有效提高系统抗干扰能力。

本案例检测对象为 126kV 电压等级的 GIS 设备母分 100 间隔，产品型号：ZF4-126/1250-31.5，生产日期：2001 年 7 月。本案例所采用的局部放电检测仪，型号：PDT - 840，生产厂家：红相股份有限公司；局部放电定位仪，型号：PDT - 840 - 2，生产厂家：红相股份有限公司。

6.1.1.2 特高频局部放电测试结果分析

使用红相股份有限公司 PDT - 840 局部放电检测仪，对 110kV 某变电站 110kV 母分 100 间隔 B 相气室进行特高频检测时，发现 B 相间隔各气室均存在异常特高频信号。该信号在正负半周均会出现，且具有一定对称性，放电信号幅值大，放电幅值较为分散，具有绝缘气隙放电特征。间隔及气室图、特高频检测图谱如图 6.1 和图 6.2。

图 6.1 母分 100 间隔及气室图

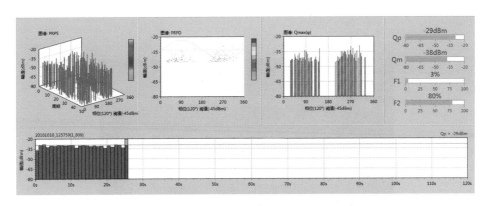

图 6.2 特高频检测图谱

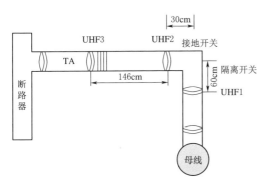

图 6.3 特高频传感器位置及各传感器距离

特高频局部放电定位分析过程：UHF1、UHF2、UHF3 传感器安装位置及各传感器距离如图 6.3 所示。首先通过 UHF1 和 UHF2 传感器进行定位，发现 UHF2 优先触发 1.76ns，如图 6.4 所示，通过计算得出放电源位置距离 UHF2 传感器约 18.6cm，且放电源位于隔离开关气室；然后利用 UHF1 和 UHF3 传感器进行定位，发现 UHF1 优先触发 3.44ns，如图 6.5 所示，距离

UHF1 传感器约 66.4cm，放电源位于隔离开关气室。两次定位结果一致，则可以确定放电源所在位置如图 6.6 所示。

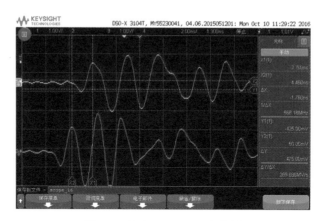

图 6.4　UHF1 - UHF2 定位图

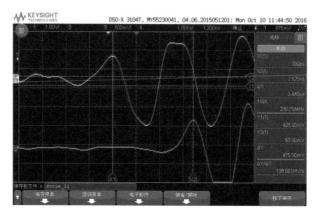

图 6.5　UHF1 - UHF3 定位图

6.1.1.3　其他项目测试结果

采用超声波局部放电检测。为进一步判定检测局部放电信号，使用红相股份有限公司的 PDT - 840 局部放电检测仪进行超声波局部放电检测，在气室周边选取 5 个测点，5 个测点均未检测到超声波局部放电信号，测试结果与背景相同。

6.1.1.4　检查验证结果

通过定位分析结果，检测人员将重点怀疑部位 1002 刀闸绝缘拉杆取出检查，外观未发现明显异常。现场 GIS 解体照片如图 6.7 和图 6.8。

图 6.6 放电源所在位置　　　　　图 6.7 现场 GIS 解体照片

对现场取出的刀闸绝缘拉杆经过 X 光拍摄，发现绝缘拉杆内部存在树枝状空隙及气泡，且绝缘拉杆中间中心部位存在两个明显气泡，特征为低压端自金属头开始向外表面形成较长通道，该通道位于绝缘拉杆内表层，推测判断为厂家制造工艺不良造成拉杆内密度不均，长期在强电场环境下运行，产生树枝状放电通道，X 光拍摄照片如图 6.9。

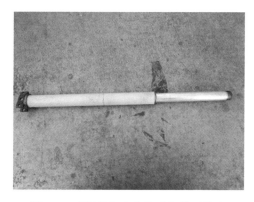

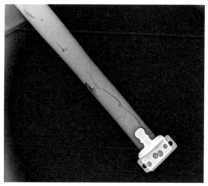

图 6.8 现场拉杆取出并进行外观检查　　　　　图 6.9 X 光拍摄照片

6.1.2 220kV 避雷器间隔超声波局部放电检测案例

6.1.2.1 检测技术路线

设备存在局部放电时，通常伴随有爆裂状的声发射，产生超声波，且很快向四周介质传播。通过安装在电力设备外壁上的超声波传感器，可以将超声波信号转换为电信号，就能对设备的局部放电水平进行测量。

图 6.10　超声波异常信号位置

本案例检测对象为 220kV 电压等级的 GIS 设备某 2U71 间隔，产品型号：8DN9 - 2，生产日期：2016 年。本案例采用局部放电检测仪的型号：PDT - 840，生产厂家：红相股份有限公司。

6.1.2.2　超声波局部放电测试结果分析

使用红相股份有限公司 PDT - 840 局部放电检测仪，对某电厂 220kV 2U71 间隔的各个气室进行超声波检测时，在 C 相避雷器气室发现超声波异常信号，跟踪检测一段时间，信号持续存在，异常信号位置如图 6.10 所示。只有 C 相避雷器气室可以检测到超声波信号，其他气室检测到信号特征与背景信号一致，均未检测到超声波异常信号，PRPD 图谱如图 6.11 和图 6.12 所示。异常信号 100Hz 相关性明显，初步判断内部存在悬浮放电现象，根据 GIS 结构判断可能内部有相关的松动和导体接触不良现象。

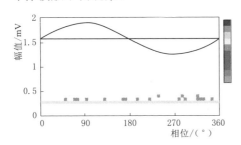

图 6.11　背景超声波测试图谱

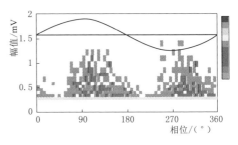

图 6.12　避雷器气室超声波检测图谱

6.1.2.3　其他项目测试结果

采用特高频局部放电检测进行检测验证。PRPS 图谱在一个工频周期内均匀分布，未见明显异常。测试结果如图 6.13 所示。

6.1.2.4　检查验证结果

测试发现 C 相避雷器气室存在明显异常的超声波信号，根据现场检修情况确定为内部导电杆连接有松动现象，存在接触不良，

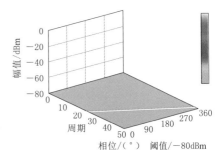

图 6.13　特高频检测图谱

导致异常声响，现场检修照片如图 6.14 所示。

图 6.14 现场检修照片

6.2 光学成像检测案例

6.2.1 变电站电流互感器红外光学成像检测案例

6.2.1.1 检测技术路线

红外热成像检测技术，可以发现输变电设备由于电流、电压致热导致的热成像图谱异常现象。红外热成像检测结果易受环境因素影响，因此检测时需要对环境中风速、温湿度等因素进行关注。本案例开展红外热成像检测的仪器配置及相关参数见表 6.1。

表 6.1 红外热像检测仪器配置及要求

序号	名　　称	主　要　参　数　要　求
1	红外热像仪	1. 像素：640×480 2. 视场角：25°×19° 3. 图像帧速率：不低于 25Hz 4. 热灵敏度：<0.04℃@30℃ 5. 空间分辨力：0.67mrad 6. 测温范围：−20～＋800℃
2	激光测距仪	测量范围：0.2～25m 测量准确度：±2mm

续表

序号	名　　称	主要参数要求
3	风速仪	测量范围：0.3~45m/s 测试精度：±3%
4	环境温湿度计	测量范围：温度−50~50℃，湿度10%~98% 准确度：±1℃，±5%

6.2.1.2　电流致热型典型红外测试案例结果分析

某变电站电流互感器，热点温度为129.8℃，A相对应位置温度为35.5℃，

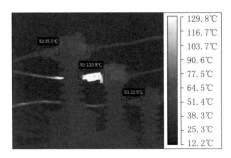

图6.15　异常相发热部位热像图

C相同一位置温度为32.5℃，发热相热像图为图6.15所示。

异常发热部位与正常相相比，温差为97.3K。从异常发热部位的热像图谱特征分析如下：

（1）温差对比。温差为

$$129.8-32.5=97.3K$$

（2）相对温差计算。分析：区域热点温度 T_1 为：129.8℃，正常相温度 T_2 为：32.5℃，环境温度 T_0 为：23℃，$\delta=(T_1-T_2)/(T_1-T_0)\times100\%=(129.8-32.5)/(129.8-23)\times100\%=91.1\%$，参照《带电设备红外诊断应用规范》（DL/T 664—2016）附录H电流致热型设备缺陷诊断判据表H.1电流致热型设备缺陷诊断判据，判定此电流互感器接线板接头为电流致热型紧急缺陷。

（3）结论：初步分析认为，发热原因为紧固触头的螺钉松动或触头接触不良，触头部位因接触电阻增大而发热。

（4）处理意见：需要立即断电处理。

6.2.1.3　电压致热型典型红外测试案例结果分析

某110KV变电站穿墙套管，热点C相温度为20.2℃，A相对应位置温度为15.5℃，B相同一位置温度为15.9℃，发热相热像图为图6.16所示。

异常发热部位与正常相相比，温差为4.7K。从异常发热部位的热像图谱特征分析如下：

（1）温差对比。温差为

$$20.2-15.5=4.7K$$

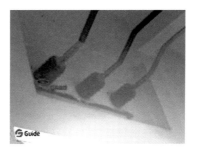

图 6.16　异常相发热部位热像图

（2）相对温差计算。分析：区域热点温度 T_1 为：20.2℃，正常相温度 T_2 为：15.5℃，环境温度 T_0 为：6℃，$\delta = (T_1 - T_2)/(T_1 - T_0) \times 100\% = (20.2 - 15.5)/(20.2 - 6) \times 100\% = 33.1\%$，参照《带电设备红外诊断应用规范》（DL/T 664—2016）附录 H 电流致热型设备缺陷诊断判据表 I.1 电压致热型设备缺陷诊断判据，判定此穿墙套管内部接线板为电压致热型严重缺陷。

（3）结论：热像特征以绝缘子中心的热相，热点明显；初步分析认为是穿墙套管内部接线板表面污秽或者伞裙破损。

（4）处理意见：定时复测该发热点温度，尽快申请停电检修。

6.2.2　220kV GIS 出线间隔红外光学成像检测案例

6.2.2.1　检测技术路线

红外热成像检测技术，可以发现输变电设备由于电、磁等影响而存在的热成像图谱异常现象。红外热成像检测结果易受环境因素影响，因此检测时需要对环境中风速、湿度等因素进行关注。本案例开展红外热成像检测的仪器配置及相关参数见表 6.2。

表 6.2　　　　　　　　　　红外热像检测仪器配置及要求

序号	名　　称	主　要　参　数　要　求
1	红外热像仪	1. 像素：640×480 2. 视场角：25°×19° 3. 图像帧速率：不低于 25Hz 4. 热灵敏度：<0.05℃@30℃ 5. 空间分辨力：0.7mrad 6. 测温范围：−40～+500℃
2	激光测距仪	测量范围：0.2～25m 测量准确度：±2mm

序号	名　称	主 要 参 数 要 求
3	风速仪	测量范围：0.3～45m/s 测试精度：±3%
4	环境温湿度计	测量范围：温度－50～50℃，湿度 10%～98% 准确度：±1℃，±5%

6.2.2.2　红外测试结果分析

某变电站 220kV GIS 采用双母双分段的接线形式，出线间隔 GIS 设备 212－3 隔离开关气室发热，热点温度为 27.4℃，B 相对应位置温度为 21.3℃，C 相同一位置温度为 20.7℃，发热相热像图为图 6.17 所示，正常对比相热像图为图 6.18 所示。

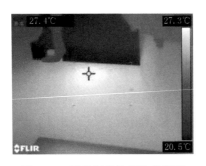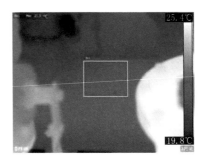

图 6.17　异常相发热部位热像图　　　图 6.18　正常相对应部位热像图

异常发热部位与正常相相比，温差为 6.7K。根据发热部位对应的实际结构图（如图 6.19 所示）判断，发热部位为隔离开关触头部位。从异常发热部位的热像图谱特征分析，GIS 罐体呈现以接头部位上方为温度最高点、向四周逐渐递减的热像特征，因此判断为 GIS 内部接头发热导致红外热像异常。初步分析认为，发热原因为紧固触头的螺钉松动或触头接触不良，触头部位因接触电阻增大而发热。

6.2.2.3　其他项目测试结果

对异常发热气室进行了超声波局放带电检测和特高频带电检测，均未发现异常。该间隔停电后，对 212－3 隔离开关进行了回路电阻测试，异常相 A 相回路电阻为 2045μΩ，B 相和 C 相的回路电阻分别为 97μΩ、99μΩ，A 相隔离开关回路电阻较 B 相、C 相隔离开关明显偏高，与前期判断相符。

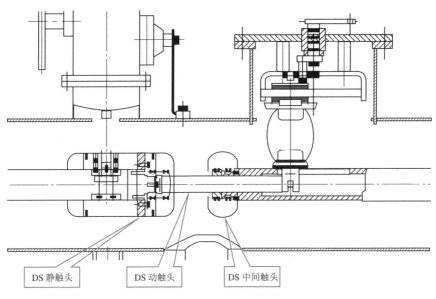

图 6.19 发热部位结构图

6.2.2.4 检查验证结果

经现场解体检查，发现 212-3 刀闸 A 相动触头与中间触指发生熔连，造成 212-3 刀闸操动机构电机传动轴销断裂刀闸拒动，内部屏蔽罩部位存在烧蚀，如图 6.20 所示，固定螺栓存在松动，如图 6.21 所示。现场将损坏的操动机构电机传动轴销、动触头、中间触指、导体、吸附剂及密封垫圈进行更换，更换后按照拆解逆过程回装，最后对 212-3 刀闸回路电阻复测，复测结果正常。

图 6.20 屏蔽罩烧蚀部位

图 6.21 固定螺栓松动

6.2.3　110kV 管母线与支柱绝缘子连接点紫外成像检测案例

6.2.3.1　检测技术路线

　　紫外成像检测技术，可以发现电力设备因压接不良、断裂、毛刺等引发的局部放电现象。紫外成像检测结果受环境因素影响较大，因此检测时需要对检测距离、湿度、增益等因素进行配置。本案例开展紫外成像仪检测的配置及相关参数见表 6.3。

表 6.3　　　　　　　　　　　　紫外成像仪配置及要求

序号	名　　称	主 要 参 数 要 求
1	紫外成像仪	1. 最小紫外光灵敏度：$3 \times 10^{-18} \mathrm{Watt/cm^2}$ 2. 最小放电检测灵敏度：≤5pC@10m 3. 视场角：12.5°×10° 4. 图像帧速率：不低于 25Hz 5. 带外抑制：<10 光子数/s 6. 图像重合精度：<1mrad 7. 紫外成像角分辨率：≤5mrad
2	检测距离	测量范围：0.2～25m 测量准确度：±2mm
3	环境温湿度计	测量范围：温度-50～50℃，湿度 10%～98% 准确度：±1℃，±5%

6.2.3.2　紫外测试结果分析

　　某变电站♯3 号主变 110kV 管母线 C 相与支柱绝缘子连接点有剧烈的放电现象，且通过不同角度拍摄，发现西南方向放电程度严重，紫外平均光子计数为 1024。现场检测环境条件见表 6.4 和检测图像如图 6.22 所示。

　　由放电图像可初步判断，支柱绝缘子与管母线有较大缝隙，从而产生剧烈的放电现象。初步分析认为，放电原因为紧固螺钉松动或接触不良。

图 6.22　异常放电紫外图像

表 6.4　　　　　　　　　　现 场 检 测 环 境 条 件

项　　目	参　　数	项　　目	参　　数
环境温度	13℃	仪器增益	80%
相对湿度	46%RH	目标距离	20m

6.3 化学检测案例

6.3.1 220kV 变压器油特征气体化学检测案例

6.3.1.1 检测技术路线

某电厂 1 号主变电压等级 220kV，设备容量 340MVA，于 2001 年 6 月投运，总油量 63.35t，油中溶解气体含量按照标准要求，6 个月检测一次，测试结果均无异常。至 2009 年 1 月检测时发现总烃增长至超过总烃注意值 $100\mu L/L$。

仅仅根据分析结果的绝对值很难对故障的严重性作出正确判断，因此必须考虑故障的发展趋势，也就是故障点的产气速率。一般用绝对产气速率和相对产气速率两种计算方式，对于发现产气速率超过注意值的设备，应适当缩短检测周期监视故障发展趋势。当确定设备存在故障，须采用三比值法判断故障类型，同时用热点温度计算公式判断故障状况。

本案例检测仪器采用 TCD 和 FID 检测器，一次进样实现 7 种油中溶解气体含量检测，最小检知量均达到 $\leq 0.1\mu L/L$，适用于实验室对变压器油中溶解气体组分的定性定量分析检测。

6.3.1.2 油特征气体测试结果分析

设备故障后油中溶解气体含量检测数据表见表 6.5。

表 6.5　　　　设备故障后油中溶解气体含量检测数据表　　　单位：µL/L

检测时间	H_2	CH_4	C_2H_4	C_2H_6	C_2H_2	总烃	CO	CO_2
2009/1/13	未检出	42.2	47	16.5	未检出	105.7	716	3058
2009/3/30	6	55.6	54.6	18.2	未检出	128.4	1031	3654
2009/6/5	2	45.3	52.7	19.6	未检出	117.6	538	3623
2009/8/28	10	57.6	58.1	20.7	未检出	136.4	963	4570
2010/1/7	19	83.8	85.5	32.1	未检出	201.4	1027	4351
2010/3/26	18	95.2	86.8	31	未检出	213	1171	4266
2010/6/12	19	94	97.3	35	未检出	226.3	1093	4295
2010/7/27	25	117.6	99.0	35.2	未检出	251.8	1077	4293
2010/8/25	45	119.4	125.5	45.1	未检出	290.0	1229	5156
2010/9/30	49	126.5	125.1	43.9	未检出	295.5	1189	4836
2010/10/20	44	118.4	122.8	43.2	未检出	284.4	1105	4435

接下来分别从产气速率、三比值、热点温度三个方面，对上表中的检测结果进行分析，综合判断设备存在的问题。

1. 产气速率

1 号主变总油量 63.35t，包括本体、冷却器、油枕，其中油枕 4.1t 油基本不参与本体油循环，产气速率以 59.25t 油量进行计算。从近两年的跟踪情况分析，从 2009 年 1 月 13 日至 2010 年 10 月 20 日，分别计算总烃绝对产气速率和总烃相对产气速率。

总烃绝对产气速率式为

$$\gamma_a = \frac{C_{i2} - C_{i1}}{\Delta t} \times \frac{G}{\rho} \tag{6.1}$$

计算得出总烃绝对产气速率 19mL/d，超过注意值 12mL/d。

总烃相对产气速率式为

$$\gamma_r (\%) = \frac{C_{i2} - C_{i1}}{C_{i1}} \times \frac{1}{\Delta t} \times 100\% \tag{6.2}$$

总烃相对产气速率 7.910%/月，低于注意值 10%/月，存在间歇性增长现象。

综合总烃相对产气速率与绝对产气速率分析结果，认为故障发展比较缓慢，但是绝对产气速率超过注意值 12mL/d，说明设备内部存在故障。

2. 三比值

选择 2010 年 10 月 20 日检测数据，运用"三比值"法计算编码。三比值编码为"021"，属于 300~700℃ 中温过热故障。

3. 热点温度

绝缘油、绝缘纸热解产生的气体种类和含量与故障的类型、故障源的温度密切相关，可以用相关特征气体的组分浓度估算故障源的温度。当故障源不涉及固体绝缘材料，且热点温度高于 400℃ 时，用 C_2H_4/C_2H_6 的浓度比值估算热点温度 t。

$$t = 322 \lg \frac{C_{C_2H_4}}{C_{C_2H6}} + 525 (℃) \tag{6.3}$$

对 2010 年 10 月 20 日的数据进行分析，可以估算出故障热点温度为 671℃，CO 和 CO_2 含量没有明显增长，说明设备存在过热缺陷但过热不涉及固体绝缘。

4. 结果分析

通过分析，可以判断出该设备内部存在中温过热故障，故障热点温度为 671℃，故障发展缓慢。

6.3.1.3　其他项目测试结果

为了证实设备内是否存在固体绝缘老化，对油中糠醛含量进行分析，结果

0.02mg/L，含量较低，完全排除了固体绝缘材料异常老化问题。因此可以基本确定是设备本体过热故障。

6.3.1.4 检查验证结果

2013 年 5 月对该设备进行返厂维修，发现低压侧 B 相引线接触不良，引起过热并烧断。经维修处理后，设备运行正常，继续跟踪分析油中溶解气体含量，结果见表 6.6。

表 6.6 设备维修后油中溶解气体含量检测数据表 单位：$\mu L/L$

检测时间	H_2	CH_4	C_2H_4	C_2H_6	C_2H_2	总烃	CO	CO_2
维修前	28	98.1	99.4	30.4	0.2	228.1	157	1222
维修后	未检出	0.4	0.3	0.1	未检出	0.8	4	128
电气试验后	未检出	0.4	未检出	未检出	未检出	0.4	6	169
投运 24h	未检出	0.4	未检出	未检出	未检出	0.4	8	186
维修一年后	2	3.3	0.8	0.4	未检出	4.5	189	889

6.3.2 220kV GIS 隔离开关气体分解产物化学检测案例

6.3.2.1 检测技术路线

某 220kV 变电站某隔离开关 A 相气室内部有异响，声音类似电热棒加热声音，通过测温未发现缸体外表有温度升高的现象，气室压力在 0.52MPa。

运行人员再次巡视时，在距离设备异响处约 5m 左右的位置听到有放电声音，对隔离开关 A 相气室进行气体组分检测，并对断路器气室、出线套管及一瓶未开封的 SF_6 气瓶进行检测比对，发现异响气室 CO 含量偏高，怀疑隔离开关 A 相气室内部有局部放电，随后进行检修处理。

纯 SF_6 是一种化学性能比较稳定的气体，但是在电弧、电火花和电晕放电的作用下，会发生分解，而且其分解产物还可与设备中的微量水分、电极和固体绝缘材料发生反应，产生气体或固体分解产物。

现场特定组分的定量分析检测，优先选择电化学传感器法的检测仪器，主要检测组分为 SO_2、H_2S 和 CO，其工作原理为：传感器内置化学气敏器件，具有对被测气体的形状或分子结构选择性俘获的功能（接收器功能）和将俘获的化学能量有效转化为电信号的功能，利用待测物质的浓度与电信号间的特定关系就可以进行定量分析。该方法检测快速、灵敏度高，对 SO_2、H_2S 和 CO 的最小检知量均达到不大于 $0.1\mu L/L$，是目前普遍应用的分解产物检测方法。

6.3.2.2　气体分解产物测试结果分析

SF₆ 气体组分检测数据如表 6.7 所示：

表 6.7　　　　　　　　　　　　　SF₆ 气体组分分析结果

检 测 对 象	$CO/(\mu L/L)$	$SO_2/(\mu L/L)$	$H_2S/(\mu L/L)$
隔离开关 A 相气室	23.3	0.0	0.0
隔离开关 B 相气室	23.9	0.0	0.0
隔离开关 C 相气室	27	0.0	0.0
新 SF₆ 气瓶	0.0	0.0	0.0
出线套管气室	2.6	0.0	0.0
断路器气室	5.8	0.0	0.0

初步分析认为：某部位合金中的碳原子在电弧作用下，可能与气体中的水分或者空气发生反应，产生 CO 气体。CO 含量偏高，说明 GIS 组合电器气室内部存在局部放电。

6.3.2.3　其他项目测试结果

2002‒1 隔离开关气室纯度、微水测试数据：
纯度：99.8%，微水：$46\mu L/L$，结果正常。

6.3.2.4　检查验证结果

打开传动部位后，在缸体内部下方发现有铁锈红的粉末，分析是由于卡板与导电杆销子未卡死，连接处有松动，在隔离开关操作过程中，卡板与导电杆销子之间摩擦产生铁屑（卡板材质为铁），铁屑掉落在卡板与导电杆销子之间的空隙中以及导电杆卡槽中，当铁屑累积到一定程度，同时负荷电流增大时，金属接触间隙内发生放电。如图 6.23、图 6.24 所示。

图 6.23　导电杆销子　　　　　图 6.24　卡板处的白色粉末

6.4 电流检测案例

6.4.1 检测技术路线

相对介质损耗和电容量比值带电测试方法，是在设备正常运行条件下开展的测试项目。选择一台与被试设备并联的其他电容型设备作为参考设备，测量设备末屏接地线上的电流信号，通过两电气设备电流信号的幅值比和相角差来获取相对介质损耗因数及电容量。

电容型设备相对介质损耗因数和电容量比值带电测试系统的性能指标需满足表 6.8 要求。

表 6.8 相对介质损耗因数和电容量比值带电测试系统性能指标

检测参数	测量范围	测量误差要求
电流信号	1～1000mA	±（标准读数×0.5%＋0.1mA）
电压信号	3～300V	±（标准读数×0.5%＋0.1V）
相对介质损耗因数	−1～1	±（标准读数绝对值×0.5%＋0.001）
电容量比值	100～50000pF	±（标准读数×0.5%＋1pF）

本案例为电流互感器相对介损超标案例，电流互感器基本参数：型号：LB7-110W；额定电压：110kV；额定绝缘水平：126/185/450kV；额定电流比：2×300/5A；生产日期：2002 年 5 月。

6.4.2 相对介损测试结果分析

2013 年 3 月 19 日，对某 220kV 变电站进行例行电容型设备带电测试时发现，193 单元 C 相电流互感器相对介质损耗因数较 A、B 相横向比较，其变化趋势明显不同。

将本次测试数据与该设备初值数据进行纵向比较（将临近 187 单元电流互感器作为参考设备），C 相的相对介质损耗因数变化量为 0.0043，超过规定值，而 A、B 相变化很小、未超过规定值。193 单元电流互感器带电测试数据见表 6.9。

表 6.9 193 单元电流互感器带电测试数据

试验时间	参考设备	测 试 数 据		
		A	B	C
2012/10/25（初值）	187	−0.0001/0.9454pF	0.0009/1.0129pF	0.0006/1.0054pF
2013/3/19	187	0.0003/0.9462pF	0.0012/1.0136pF	0.0049/0.9994pF

（1）纵向分析。193 单元 C 相电流互感器 2013 年带电测试介损值较 2012 年增长了 0.0043，变化量大于 0.003 但不大于 0.005，达到异常标准。电容量未见异常。

（2）横向分析。A、B 相的带电测试数据较稳定，但 C 相电流互感器相对介损值有较明显的增长，与 A、B 相变化趋势明显不同。

6.4.3　其他项目测试结果

考虑到影响带电测试数据的因素较多，对该电流互感器进行了红外测温和带电油色谱分析试验作为参考。红外测温结果显示无明显异常，油色谱试验数据显示 C 相设备试验色谱分析氢气含量 $13011.9\mu L/L$、总烃 $640\mu L/L$（见表 6.10），均严重超过注意值，经计算三比值为编码为 010，故障类型判断为低能量密度的局部放电。

表 6.10　　　　　　　193 单元 C 相电流互感器油色谱试验数据　　　　单位：$\mu L/L$

日期	CH_4	C_2H_6	C_2H_4	C_2H_2	总烃	H_2	CO	CO_2	微水 /（mg/L）
2013/3/20	621.77	17.84	0.46	0	640.0	13011.9	377.03	1761.15	1.9
2008/3/19	2.9	0.7	0.3	0	3.90	167.0	352.0	1420.0	4.0
2005/4/13	1.9	0.5	0.2	0	2.60	99.0	103.9	447.7	/

6.4.4　检查验证结果

对 193 单元 C 相电流互感器进行停电更换，并对更换下来的电流互感器进行诊断试验。

1. 主绝缘介损和电容量测试

193 单元电流互感器更换后停电介损及电容量试验数据见表 6.11。

表 6.11　　　　193 单元电流互感器更换后停电介损及电容量试验数据

试验项目	日期	试 验 数 据		
		A	B	C
主绝缘介损/电容量	2008/3/19	0.00280/630.7	0.00290/634.8	0.00319/648.6
	2013/3/20	0.00318/631.2	0.00323/635.2	0.00403/644.7

2. 额定电压下介损试验

测量 tanδ 与测量电压之间的关系曲线，193 单元电流互感器更换后诊断实验数据详见表 6.12。测量电压从 10kV 到 $U_m/\sqrt{3}$，tanδ 的增量大于 ±0.003，判定设备存在内部绝缘缺陷。

表 6.12　　　　　　　　　193 单元电流互感器更换后诊断试验数据

序　号	电压/kV	介　损	电容量/pF
1	13.24	0.00436	644.0
2	30.5	0.00477	644.8
3	52.88	0.00574	645.8
4	64.01	0.00697	647.4
5	74.82	0.00750	648.8
6	64.01	0.00700	647.3
7	52.88	0.00590	645.9
8	30.5	0.004880	645.1
9	13.24	0.00436	644.0

综合以上油色谱、容性设备带电检测、额定电压下介损电容量测试结果，判断 193 单元 C 相 TA 内部存在低能量密度的局部放电缺陷。

3. 解体验证。

对更换下来的电流互感器进行了解体检查：发现电流互感器 L2 端腰部内侧第 4 屏、第 5 屏、第 6 屏铝箔纸均出现不同程度的纵向开裂，长度为 150mm，纵向宽度为 5mm，其中第 6 屏最为严重，如图 6.25 所示。缺陷原因为生产厂家在制造过程中，L2 端子腰部安装受力不均，铝箔纸挤压出现开裂，产生空穴（气隙）。在运行电压下，出现场强分布不均，导致低能量放电，绝缘劣化介损增大。

图 6.25　解体检查结果

6.5　振动声学检测案例

6.5.1　110kV变压器振动声学检测案例

6.5.1.1　检测技术路线

变压器铁芯在交变磁场作用下、绕组在电动力作用下产生机械振动，振动信号通过变压器固体绝缘件、绝缘油等介质传递到油箱外表面，通过检测油箱外壳上的振动信号，反映变压器内部振动情况。变压器绕组松动或变形等机械结构参数的改变，必然会导致变压器器身的机械结构动力学性能发生变化，因此可通过变压器振动特性测试来表征和诊断其绕组是否存在松动或变形情况。

变压器出现绕组变形、铁芯夹件松动、直流偏磁等异常状态时，其振动信号特征会出现明显差异。通过检测振动信号波形，进行时频分析，提取特征量并采用专业研判策略和多种故障诊断算法，可以判定变压器绕组和铁芯机械稳定性特性及变化趋势，从而准确判定绕组变形程度。

本案例测试对象为某110千伏电压等级变压器，产品型号：SSZ9 - 50000/110；出厂序号：050629 - 2。该变压器于2016年、2018年曾分别遭受低压侧7.8kA、6.1kA的馈线相间短路故障冲击。

本案例测试仪器采用杭州柯林电气股份有限公司生产的KLJC - 18型变压器振动监测与故障诊断装置。

在变压器油箱壳体的高压侧表面安装8个振动传感器，根据变压器外形结构，ABC三相对称布置振动传感器测点，测点对应三相铁芯绕组的上部、下部，相当于油箱主体高度的3/4与1/4位置，并且测点远离加强筋。振动传感器测点在变压器高压侧表面的布置位置如图6.26所示。

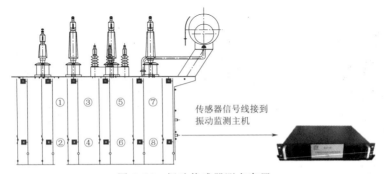

图6.26　振动传感器测点布置

依据变压器振动带电监测原始图谱，采用频率复杂度、振动平稳性二种特征量算法，进行变压器绕组机械稳定性研判。

频率复杂度 FCA：频率复杂度反应的是变压器的铁芯机械稳定性状态。变压器振动的主要激励力为电磁力、磁滞伸缩力等。由于磁致伸缩力的非线性特性，变压器振动中的谐波成分主要由磁致伸缩所致。若存在铁芯结构松动等异常引起的局部磁通分布不均衡现象，会导致磁致伸缩的非线性特性被局部增强的现象，导致高频谐波增加。FCA 值越高，说明铁芯的机械结构稳定性越差。

振动平稳性 DET：振动平稳性用于分析变压器内部结构的平稳性和稳定性。对于正常变压器而言，由于其输入为稳态交流信号，变压器振动均应为稳态交流信号。当变压器内部结构出现松动等结构异常时，增加了内部结构间的互相作用力，从而降低了振动信号的信噪比。DET 越低，说明该系统的结构稳定性越差。

6.5.1.2　变压器振动测试结果分析

1～8 号振动传感器测试结果见图 6.27～图 6.34 所示。

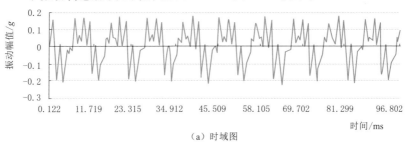

（a）时域图

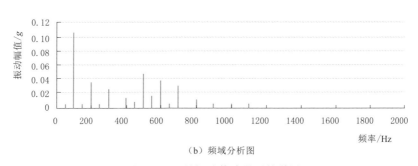

（b）频域分析图

图 6.27　1 号振动传感器原始谱图

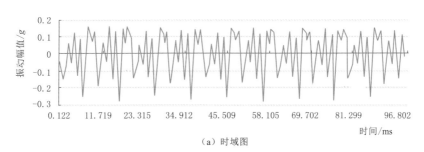

（a）时域图

图 6.28（一）　2 号振动传感器原始谱图

151

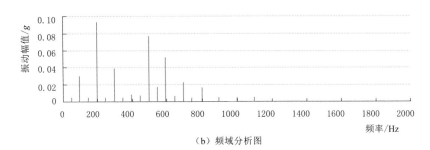

（b）频域分析图

图 6.28（二）　2 号振动传感器原始谱图

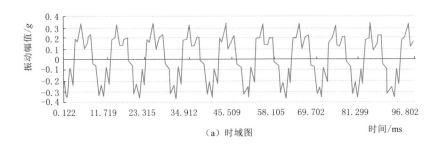

（a）时域图

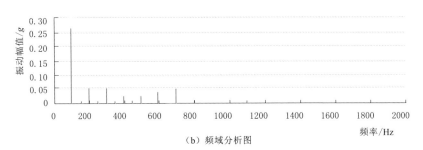

（b）频域分析图

图 6.29　3 号振动传感器原始谱图

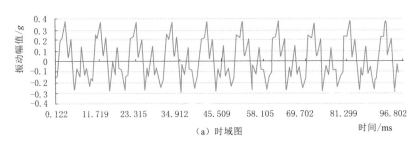

（a）时域图

图 6.30（一）　4 号振动传感器原始谱图

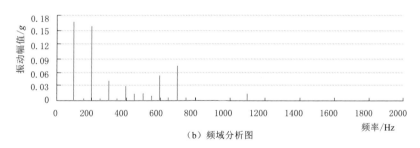

（b）频域分析图

图 6.30（二）　4 号振动传感器原始谱图

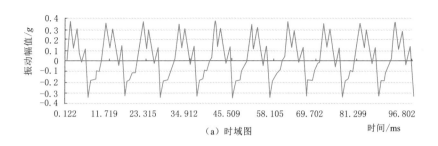

（a）时域图

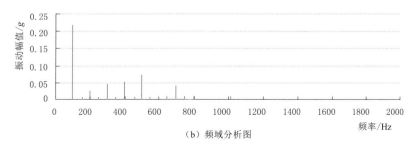

（b）频域分析图

图 6.31　5 号振动传感器原始谱图

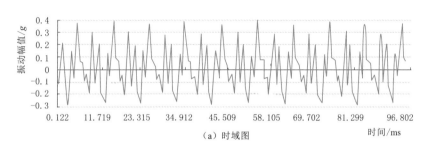

（a）时域图

图 6.32（一）　6 号振动传感器原始谱图

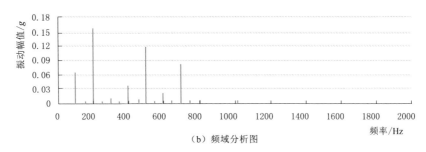

（b）频域分析图

图 6.32（二）　　6 号振动传感器原始谱图

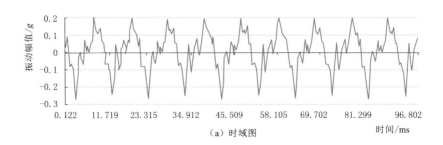

（a）时域图

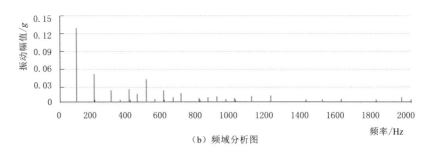

（b）频域分析图

图 6.33　7 号振动传感器原始谱图

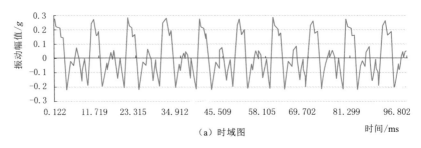

（a）时域图

图 6.34（一）　　8 号振动传感器原始谱图

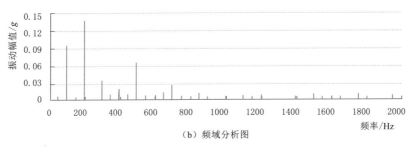

（b）频域分析图

图 6.34（二）　8 号振动传感器原始谱图

由图 6.27～图 6.34，得到各传感器的频率复杂度和振动平稳性指标见表 6.13、表 6.14。

表 6.13　　　　　　　　　　　　频率复杂度 FCA 分析结果

测点	1	2	3	4	5	6	7	8
FCA 值	1.819	1.764	1.700	1.690	1.688	1.260	1.612	1.628

表 6.14　　　　　　　　　　　　振动平稳性 DET 分析结果

测点	1	2	3	4	5	6	7	8
DET 值	0.376	0.409	0.504	0.688	0.521	0.534	0.459	0.411

由表 6.13 可知，测点 1、2 靠近 A 相位置，其 FCA 值偏高，A 相铁芯存在松动迹象。由表 6.14 可知，测点通道 1、2 靠近 A 相，7、8 靠近 C 相，1、2、7、8 四个测点的 DET 值偏小，AC 两相的绕组整体稳定性不良的概率较高。总的来说，A 相铁芯及结构件出现松动迹象，绕组有较轻变形迹象，在三相中状态最差；C 相的绕组存在松动，有轻微变形迹象；B 相在 ABC 三相绕组中状态相对较好。

6.5.1.3　其他项目测试结果

该变压器退出运行后，于 2019 年 7 月 9 日进行了绕组直流电阻、电压比、低电压短路阻抗和绕组频率响应试验，其中：绕组直流电阻、电压比和绕组频率响应试验无异常，低电压短路阻抗试验表明：高压对中压三相偏差小于 1%，高压对低压短路阻抗 A、B 相偏差为 1.08%，中压对低压短路阻抗 C 相与 A、B 相偏差为 3.6% 和 2.73%，判断为该主变 A、C 相可能存在较为明显的绕组变形。

6.5.1.4　检查验证结果

铁芯解体发现，A 相铁芯未采用任何绑扎，芯柱松动，垂直方向呈 S 形扭曲，如图 6.35 所示。A 相高压线圈和低压线圈有明显螺旋位移现象，低压线圈解体如图 6.36 所示。

　　B 相高压调压线圈、中压线圈、低压线圈外观整体完好，但 B 相高压线圈上部静电环在线圈出头附近有发黑放电痕迹，出线头与静电环连线断裂。

　　C 相低压绕组内侧撑条较多从内撑筒原粘固位置脱落下滑，经拆解并逐个检查，C 相高压调压线圈、高压线圈、中压线圈、低压线圈外观均整体完好，但高压线圈和低压线圈饼间垫块及相应的内撑条整体均存在螺旋式偏移现象，偏移主要集中在线圈上端部出线处。

　　试验、解体分析认为：该变压器采用振动法对变压器绕组变形带电检测的结果、采用低电压阻抗法对停电变压器绕组变形测试的结果，与该变压器解体结果相吻合。

图 6.35　铁芯解体结果　　　　　　　图 6.36　低压线圈解体结果

6.5.2　有载分接开关振动声学检测案例

6.5.2.1　技术路线

　　有载分接开关（On - load Tap - changer，OLTC）机械故障作为 OLTC 的主要故障类型，具体形态包括快速机构储能弹簧力下降、动/静触头磨损、软接连螺栓松动、转换器三相不同步以及传动机构故障等。以 OLTC 切换过程中声学振动信号的采集和处理为技术突破口，开展有载分接开关振动声学检测。

　　本案例测试对象为 VRGII1302 - 72.5/E - 16313WS 型有载分接开关，出产日期：2013 年，出厂序号：1443070。本案例采用上海交通大学的振声监测系统，设备型号为 OLTCVE - 1。

　　本案例数据分析方法如下：

　　（1）电流信号。提取 OLTC 一次档位切换过程中电机电流信号的时域包络，计算电流有效值和稳态持续时间。

（2）振动信号。根据 OLTC 的机械机构和一次档位切换过程中的动作特性，分别对 OLTC 转动段及切换段的振动信号进行分析。

转动段的振动信号需要分别计算其峭度并定义转动段振动信号振动幅值最大值与平均值的比值 E_1、转动段振动信号平均能量与切换段振动信号平均能量的比值 E_2，用以判断是否有卡涩、齿轮磨损、结构松动等异常存在，其中，峭度的计算公式为

$$K = \frac{\frac{1}{N} \sum_{i=1}^{N} (x_i - \overline{X})^4}{\sigma_x^4} \tag{6.4}$$

式中　x——转动轴段振动信号；

　　　N——长度；

　$\overline{X}$、σ_x——均值和有效值。

　　E_1 的计算公式为

$$E_1 = \frac{|x|_{\max}}{\frac{1}{N} \sum_{i=1}^{N} x_i} \tag{6.5}$$

式中　x_i——转动轴段信号，长度为 N；

　$|x|_{\max}$——其幅值的最大值。

　　E_2 的计算公式为

$$E_2 = \frac{\frac{1}{N_1} \sum_{i=1}^{N_1} x_i^2}{\frac{1}{N_2} \sum_{j=1}^{N_2} y_i^2} \tag{6.6}$$

式中　x_i——转动轴段信号，长度为 N_1；

　　　y_i——切换段信号，长度为 N_2。

OLTC 切换段振动信号具有非平稳性和强时变性，因此须定义时域包络相关系数和能量时间序列组内相关系数（Intraclass correlation coefficient，ICC）对 OLTC 的切换性能进行分析。其中，时域包络相关系数计算公式为

$$r = \frac{\sum_{i=1}^{n} (x_i - \overline{x})(y_i - \overline{y})}{\sqrt{\sum_{i=1}^{n} (x_i - \overline{x})^2 \sum_{i=1}^{n} (y_i - \overline{y})^2}} \tag{6.7}$$

式中　x、y——用于分析的两组数据，长度均为 n，此处为分接开关档位切换时
　　　　　　　振动信号的时域包络线；

　$\overline{x}$、$\overline{y}$——用于分析的这两组数据的均值。

组内相关系数（Intraclass correlation coefficient，ICC）的计算公式为

$$ICC = \frac{\sum_{i=1}^{N}(x_{1i} - \overline{x})(x_{2i} - \overline{x})}{(N-1)S_x^{\ 2}} \tag{6.8}$$

式中　S_x——信号的标准差。

6.5.2.2　有载分接开关振动测试结果分析

1. 电流信号

OLTC 全档位切换时的电机电流信号有效值与持续时间分析表明，除极限档和中间档位之外，OLTC 切换时电机电流信号的有效值与持续时间基本相等。

2. 振动信号

OLTC 第 3-4 档切换时的振动信号如图 6.37 所示，分别为完整振动信号、切换开关动作时的振动信号及其时域包络、TQWT 的分析结果。进一步分析 OLTC 转动轴段振动信号的峭度、E_1、E_2 和 OLTC 切换段振动信号的包络相似度、TQWT_ICC 后发现，OLTC 在奇-偶切换时，如第 3-4 档和第 15a-15b 档等，转动轴段振动信号有一段持续时间约为 2.2s 的明显增大情形，且奇—偶升档及偶—奇降档、中间档第 15-16 和第 16-15 切换时转动轴段振动信号 E_2 相对于偶—奇段升档及奇—偶降档也有明显增大，而切换段振动信号的时域包络相关系数和 TQWT-ICC 均表明其一致性较好。

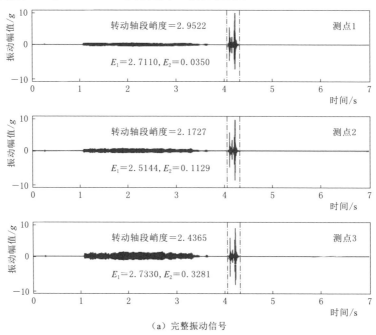

（a）完整振动信号

图 6.37（一）　第 3-4 档切换时的振动信号

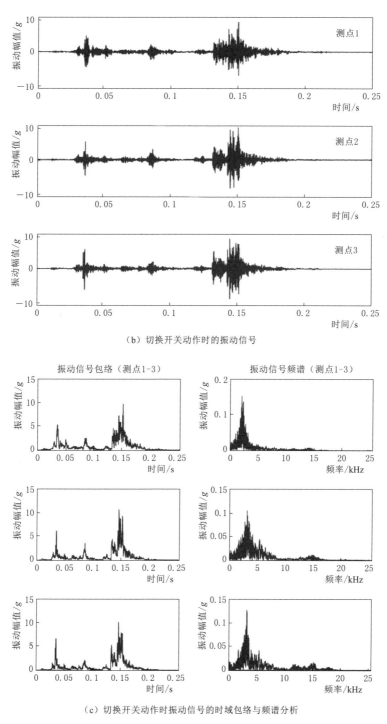

（b）切换开关动作时的振动信号

（c）切换开关动作时振动信号的时域包络与频谱分析

图 6.37（二）　第 3-4 档切换时的振动信号

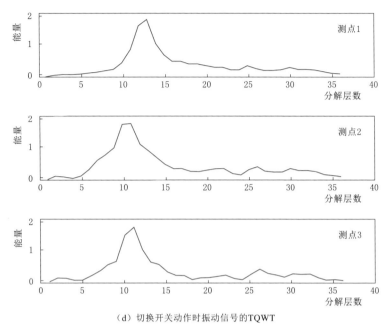

（d）切换开关动作时振动信号的TQWT

图 6.37（三）　第 3 - 4 档切换时的振动信号

6.5.2.3　其他项目测试结果

变压器绕组直流电阻测试结果无异常，OLTC 切换时间测试无异常，OLTC 动作顺序检查无异常。

6.5.2.4　检查验证结果

经检查，发现有载分接开关内部转动轴屏蔽罩均压环与温度传感器存在接触摩擦。对有载分接开关温度传感器的保护外壳进行了打磨，缩短其长度，处理后的有载分接开关经测试，异常信号消失，信号回归正常。

6.5.3　35kV 干式电抗器声学成像检测案例

6.5.3.1　检测技术路线

声波成像技术是一种较为方便的现场应用技术，基于传感器阵列和波达方向估计算法，结合成像技术，将计算出来的声音位置在相机上显示出来，可以直接滤除干扰声音，准确找到异响位置，并且可以寻找出人耳分辨不出的异响，便于作业人员快速定位现场异响来源，对发现设备的隐患有重要的作用。

本案例的检测对象为干式电抗器，500kV 某变电站内 35kV 3 号低抗 A 相设备，型号 BKGKL‒20000/34.5W，于 2017 年 11 月制造，2018 年 12 月投运。

6.5.3.2　声学成像测试结果分析

2020 年 5 月 22 日，35kV 3 号低抗开展声波成像检测工作时，发现该 A 相低抗西侧接线板附近存在声音信号聚集现象，而 B、C 两相同位置处无异常。检测人员调整角度至 A 相底部，进行全局拍摄，异响显示在低抗侧部。而后选择低抗正面拍摄，可以明显看出该相西侧接线板附近声音信号大量聚集。3 号相正面声波定位如图 6.38 所示。对同一位置的 B、C 两相进行拍摄，并无声音信号大量聚集现象出现，运行正常。

通过转换角度，观测到 35kV 3 号低抗 A 相其他位置无声音信号聚集的情况出现，并且所有声音集中于西侧接线板附近，实际位置如图 6.39 所示。通过观察发现该位置处存在杂物，高度疑似鸟窝，由于低抗周围存在围栏无法抵近进一步观察，初步判断存在异常。

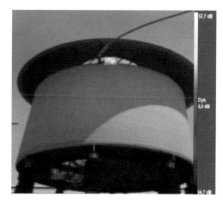
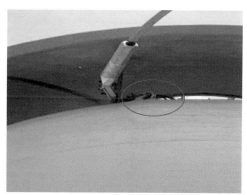

图 6.38　3 号低抗 A 相正面声波定位　　　图 6.39　3 号低抗 A 相异响位置

6.5.3.3　其他项目测试结果

2020 年 6 月 12 日对该相低抗进行匝间绝缘试验，记录低电压下电抗衰减电压波形分析低电压下信号周期等特性，对低电压和高电压下的衰减波形进行对比，若电抗存在绝缘隐患，信号衰减周期将发生变化。本案例低抗匝间绝缘试验结果显示无异常。3 号低抗 A 相匝间绝缘试验波形如图 6.40 所示。

6.5.3.4　检查验证结果

通过多次观察对比、多角度检测后，确定异响出现的位置在 A 相低抗西侧顶部的接线板附近。2020 年 6 月 11 日停电检查后发现该位置存在灼烧痕迹。

3 号低抗 A 相表面烧蚀痕迹如图 6.41 所示。

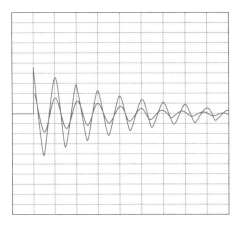

图 6.40　3 号低抗 A 相匝间绝缘试验波形图　　图 6.41　3 号低抗 A 相表面烧蚀痕迹

第7章 带电检测技术发展前景

近年来，随着移动互联网、大数据、云计算、物联网等技术的迅猛发展，"大云物移智链"等数字化技术成为引领各行各业变革、实现创新驱动发展的源动力。随着电力设备规模迅速增长，电力设备带电检测技术将立足应用场景，充分融合"大云物移智链"等数字化、智能化技术，通过定位算法提升、智能传感监测、常规技术深化应用、新检测技术融合应用等手段，实现带电检测平台化、智能化。

7.1 电力设备带电检测技术发展目标

经过近20年的发展，国内电力设备带电检测技术已经从最初的红外热成像、开关柜暂态地电压等单一技术手段，逐步发展到多种类检测方法针对多种类对象的综合状态评价的阶段。单一功能、单一对象的带电检测技术、方法、手段、仪器，已经不能满足设备管理工作的技术要求，不能满足运维人员素质提高的技能需求。今后的一段时间里，依托数字化、物联化等技术的发展，带电检测技术将在以下几个方向上持续发力，设备管理水平将在人员效率更高、检测结果更准确、资产利用效率更精准等方面显著提升。

7.1.1 状态感知泛在化

应用嵌入式智能传感技术，开展设备状态全息感知能力建设，深化主设备知识智能服务，实现自组网通信、自同步技术，实现传感器内置自检功能，注重感知的准确性、实时性，保证检测数据能够为人工智能平台提供有力支撑。

7.1.2 检测环节互联化

智能传感器、手持式检测仪器整体设计向多模式、多功能、一体化、智能终端、无线互联方向发展。智能传感器、手持式检测仪能够与平台实现数据互通，为检测人员提供远程、实时的检测数据服务。

7.1.3　识别算法智能化

基于平台实现人工智能算法的提升，带动智能化云计算、边缘计算在带电检测技术中的运用，实现图像自动识别、模型定位自动计算，最终实现基于全息的设备状态评估和检修策略的自动化和智能化。

7.1.4　数据展示人性化

应用数字孪生技术，充分利用物理模型、传感器更新、运行历史等数据，反映相对应的电网设备的全寿命周期过程，进一步提高带电检测技术向直观性、高效性、易用性发展。

7.1.5　带电检测平台化

开展人工智能平台环境建设，满足各企业、各单位设备运维管理方向人工智能模型运行及训练需要，优化内外网人工智能平台部署架构，推进与物联体系融合应用，同时，不断融入新型检测理论及技术，将现有检测技术和新方法、新流程快速融合。

7.1.6　巡检工作无人化

无人机、巡检机器人等无人化巡检工具，可通过搭载模块化检测装置、图像识别功能，实现自动定位、跟踪、巡检全过程数字化记录、在线智能诊断缺陷等功能，有效支撑对电力设备运行状态的可控、能控、在控，从而实现智能巡检。巡检工作无人化有利于提高电力设备的安全性，有利于提高供电的经济性，有利于提高供电的可靠性。

7.2　电力设备带电检测技术发展路径与实例

7.2.1　定位算法提升：基于智能算法缺陷诊断和定位技术

传统的局部放电定位需要采用高速示波器，在现场人工捕捉信号，手动测量脉冲到达时间差，手动计算放电信号位置。对于间歇性放电信号，无法诊断，很难定位；对于多个放电缺陷可能只关注到某一个放电，而忽略了其他的放电缺陷；定位时无法参照 PRPD 图谱确定该脉冲是放电还是噪声。

基于智能算法的局部放电信号自动定位的技术，免去现场定位工作，大幅提高效率；运用智能化云计算、边缘计算，对间歇性信号，可以调用多种检测数据和历史数据进行诊断和定位，对于多个放电缺陷可一次性给出各放电源位置。

7.2.2 智能传感监测：基于智能传感器的物联网化不间断监测系统

物联网化电网设备状态监测系统的结构，以局部放电检测为例，是以智能特高频传感物联设备作为终端监测，通过集成电路专网模块的站端监测单元，利用电力无线专网、有线网络，实现各类电网设备物联网化，能够对设备状态进行全面感知，数据信息进行高效处理，基于大数据技术实现在应用终端对电设备环境状态信息、机械状态信息、运行状态信息的感知与监测，为电网设备故障的诊断评估和定位检修提供决策支持。具体构架如图7.1。

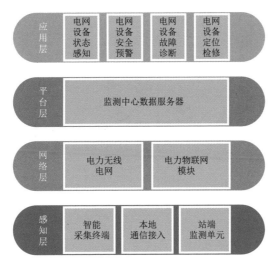

图 7.1 电网设备状态监测系统构架

使用各类有线、无线智能传感器组成传感器网络，实现对各类高压设备的状态在线监测。局部放电带电检测技术和测温技术等在状态监测领域能够解决实际问题，是提升电网运维水平的有效技术。

对于运检业务，"终端层"即"现场采集部件"，即通过各种原理的智能传感器，采集各类状态数据，感知高压设备的运行状态，及时发现设备潜在问题，变革生产管理模式，提高运检效率效益。

智能传感器获取的实时数据源源不断通过"网络层"到达"平台层"，实现真正意义上的"大数据"，进而运用人工智能技术，实现平台级的设备状态智能诊断，是实现运检业务泛在物联网的基础。物联架构如图7.2。

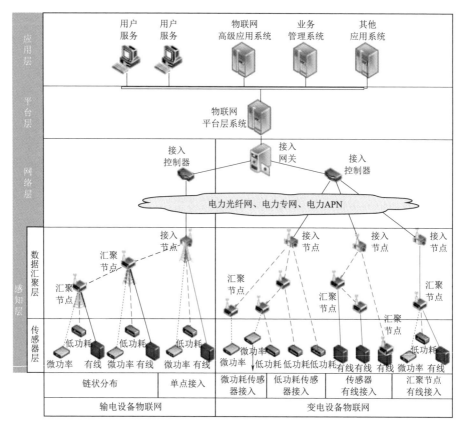

图 7.2 状态感知泛在物联架构

　　智能传感器类别按功能可分为 GIS 特高频局部放电检测、开关柜暂态地电压局部放电检测，超声波局部放电检测、开关柜接头无线测温、柜内温湿度检测、变压器特高频、高频局部放电检测，超声波局部放电检测、电缆高频局部放电检测、电缆测温、AIS 敞开式变电站射频局部放电检测等。

　　以微型化、集成化、低功耗、高性价比打造的智能传感器，用最新的深度学习等人工智能方法，物联网通信技术连接各种电力设备感知终端，适用于输电、变电、配网监测和设备故障预判。特高频、高频、射频、暂态地电波、AA超声波、AE 超声波、RFID 无源测温、环境温湿度等状态感知元件的模块化设计，可满足定制化的项目需求。

　　智能传感器应满足灵活多样的组网方式和检测幅值精确等要求。结合基于人工智能的自动频率同步技术，实现了检测数据的准确性，为云计算及边缘计算提供准确的数据。

以下以某重症监护系统为例，进行介绍。

系统主要功能包括，不同类型智能传感器准确采集设备的监测信息，智能终端将数据进行汇总和远传，并基于物联网实现数据的全自动分析，并辅以语音播报当前的温度、局放及其他情况；基于数据分析及可视化技术，对所有监测的设备监测数据进行横向和纵向比较，并对数据结果信息进行三维可视化展示如图 7.3 所示。

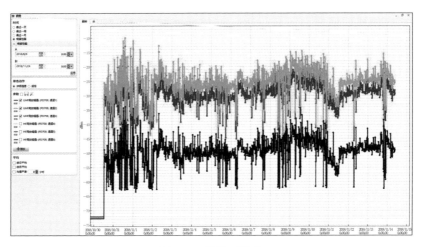

图 7.3　数据可视化

通过手机、终端等 App 智能管理软件，可以查看被监测开关柜的运行情况。智能管理软件实例如图 7.4 所示。

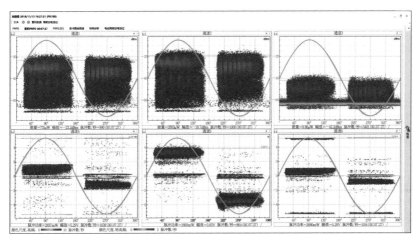

图 7.4　智能管理软件实例

7.2.3 常规技术深化应用：基于带电显示器的高频局部放电检测

常用的局部放电带电检测手段主要包括高频电流法、特高频法、超声波法和暂态地电压法。高频电流法需要将高频传感器安装在电缆本体或电缆终端接头的接地线上，但在实际操作过程中，受制于环网柜结构和安装位置，检测人员很难进入电缆沟道，且存在安全隐患，这给高频法局部放电检测带来了一定的难度；而特高频法、超声波法和暂态地电压法均为柜外检测，普遍存在易受外界声、电干扰的影响，且 C-GIS、环网柜密封良好，导致内部的放电信号很难传播出来，可能造成局部放电信号的漏检。

下面以 C-GIS 基于带电显示器的高频局部放电检测为例进行介绍

为了解决目前 C-GIS、环网柜局部放电检测存在的问题，利用 C-GIS、环网柜带电显示器回路，通过绝缘子电容耦合传感器耦合一次回路局部放电脉冲信号，并通过开发信号调理与采集装置，实现对开关柜内局部放电缺陷的直接量化和检测。系统构成图如图 7.5 所示。

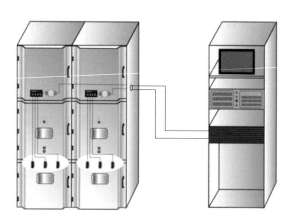

图 7.5 10kVC-GIS 开关柜系统构成图

绝缘子电容耦合传感器实时耦合开关柜内局部放电脉冲信号，经脉冲采集模块初步处理后通过同轴电缆传输至集中监控主机。监控平台如图 7.6 所示。主机实时采集处理各通道信号，根据脉冲时序和幅值将信号转换成相应放电量数值，实现对多面开关柜局部放电的在线监测。

根据环网柜柜前带电显示器的结构和工作原理分析，连接高压端的耦合电容的带电显示器为带电检测提供了一种新的方向和方法。带电显示器的一次接线如图 7.7 所示。

耦合电容器一般是具有一定电容量的支撑绝缘子，其中一端接高压，一端接带电显示器，带电显示器核相孔处电压一般不超过 100V。回路中的避雷器，

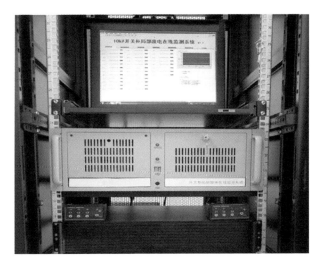

图 7.6 监控平台示意图

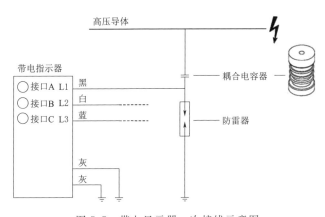

图 7.7 带电显示器一次接线示意图

正常情况下处于开路状态，不影响带电检测。带电显示器主要结构包含 LED 指示灯和核相孔，如图 7.8 所示施耐德公司的带电显示器结构图。

　　根据带电显示器的工作原理和脉冲电流法的检测原理，耦合电容器作为一种检测的传感器，将其连接至指定的局部放电检测仪器，如英国 SDMT 公司的 PD74i，如图 7.9 所示，可以得到局部放电的基本特征量和图谱，从而实现对局部放电的检测/监测。基于放电信号幅值大小和放电类型，及时采取相应的处理措施，可以有效提高环网柜的运行可靠性。

图 7.8 带电显示器结构图

PD74i 多功能局部放电带电检测仪基于智能、准确、便携的设计理念，采用无线传感器，集特高频、超声波（接触/非接触）、耦合电容器、高频及暂态地电压等多种检测手段于一体，具备优异的灵敏度、线性度和动态范围，适用于绝大部分高压设备的局部放电带电检测。图 7.10 为 PD74i 的示意图。其采用HFCT 传感器，在 1 - 20MHz 范围内平均传输阻抗大于 15mV/mA，采样率为60MS/S，具有原始脉冲检测和存储功能。

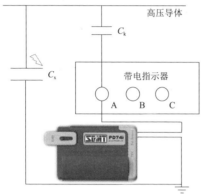

图 7.9　基于带电显示器的脉冲电流法检测　　　图 7.10　PD74i 示意图

PD74i 使用智能手机或平板进行操作，App 支持大数据、云计算、物联网和移动互联网技术，能够实现智能诊断和远程协助，极大地提高检测效率。

通过搭建 10kV 开关柜局部放电缺陷平台，进行模拟局部放电缺陷的试验效果验证工作，主要考量了装置局部放电监测效果、传感器灵敏度、重复性以及局部放电模式识别功能等。对应的应用场景如图 7.11 所示。

图 7.11　10kV 开关柜典型应用场景

表 7.1 为 10kV 开关柜带电检测现场，采用带电显示器脉冲电流法与特高频法在同一面环网柜的检测比对结果。

表 7.2 为 10kV 开关柜带电检测现场，采用带电显示器脉冲电流法与特高频法在同一面环网柜的检测比对结果。

表 7.1 采用带电显示器脉冲电流法与特高频法在同一面环网柜的检测比对结果

检测图谱	脉冲电流法	特高频法
检测部位	带电显示器	柜前观察窗
PRPD图谱		
PRPS图谱		

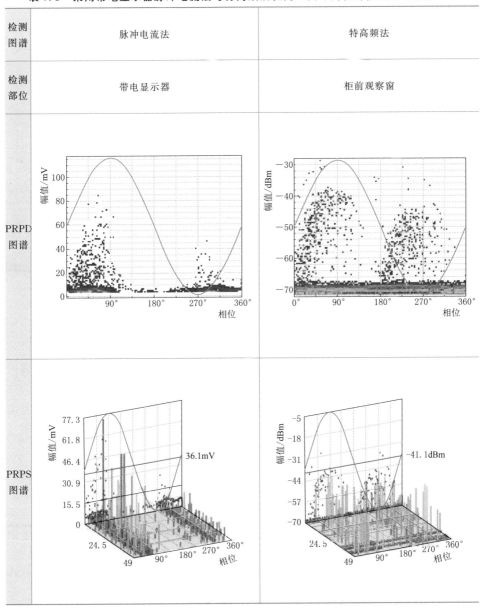

表 7.2　　　　带电显示器脉冲电流法与电缆接地线脉冲电流法
在同一面环网柜的检测比对结果

检测图谱	脉冲电流法	电缆接地线脉冲电流法
检测部位	带电显示器	电流接地线
PRPD图谱	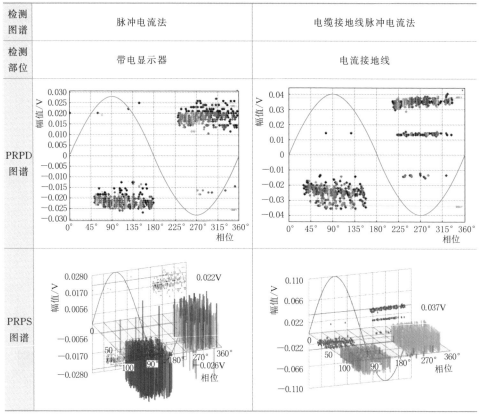	
PRPS图谱		

　　基于带电显示器的脉冲电流检测方法，可以比较方便的获得环网柜内部的局部放电信息，不需要额外配置传感器，检测方便、高效，检测到缺陷时，再配合其他检测手段进行确认。这种方法非常适用于环网柜带电检测工作的大面积推广，相比传统的暂态地电压、超声波等开关柜局部放电检测方法，它不受噪声的干扰，检测更准确。

7.2.4　新检测技术融合应用：有载分接开关振动、机械电流综合检测

　　有载调压变压器是电力系统变电站中非常重要的电气设备，它通过有载调压分接开关的逐级动作，实现对高压输配电电网的有载调压，减少和避免电网电压的大幅度波动，保证了电力系统安全可靠运行。有载调压开关由选择器、切换开关和电动机构组成，其性能包括电气性能和机械性能两个方面，电气性能主要涉及触头接触电阻性能，当触头接触电阻增大时，会引起触头过热，甚至烧损；机械性能是指有载调压开关操作过程中选择开关和切换开关等部件的

动作顺序和时间配合，以及切换过程中是否存在卡塞和触头切换不到位等。有载开关的主要故障类型是机械故障，包括传动轴断裂、触头间接触不良、拒动和滑档、内部紧固件松动和脱落等，它可能损坏有载调压开关和电力变压器，影响电力设备和系统的正常安全运行并造成严重后果。因此，对有载调压开关运行情况进行在线检测，预知其故障可能性和判别其故障类型，对电力系统安全运行具有重要的现实意义和良好的应用前景。

下面以有载分接开关振动、机械电流综合检测新技术为例，进行介绍。

1. 驱动电机电流检测

驱动电机操动机构是有载调压开关变换操作的位置控制和传动装置，它安装在变压器本体有载调压开关侧的侧壁上，借助水平传动轴、伞形齿轮盒和垂直传动轴与分接开关连接在一起，是有载调压开关机构动作的动力源。有载调压开关切换过程中若储能弹簧性能发生改变或储能过程中存在机构卡塞等现象，必然伴随着电机驱动力矩的变化，从而使驱动电机电流发生变化。因此实时检测驱动电机电流信号可有效判断操动机构的机械运行状态。

2. 振动声学检测

变压器有载调压开关在运行时，动、静触头的接触和分离会产生脉冲冲击力，生成振动声学指纹信号。该信号通过静触头或变压器油传给变压器油箱。开关切换时通过检测设备记录下来的各种振动信号，包含有载调压开关机械和电气性能方面的丰富的信息。因此在线检测有载调压开关变压器油箱表面的振动信号即可判断有载调压开关的运行状况。

同时，电流的热效应和有载调压开关的频繁切换使得储能机构的性能减弱、接触不良、频繁调压中触头之间机械磨损、电腐蚀和触头污染等故障容易造成单点接触，并产生局部电弧放电，烧蚀触头。这些机械故障都会影响动、静触头接触分离时的脉冲冲击力，由触头动作而引起的振动信号与正常状态时相比也会有所不同，如图 7.12 所示。因此通过记录并比较这些动作过程中的信号，从信号包络中的脉冲数目和幅值变化可得出有载调压开关运行的状态。

基于上述原理的接线方式如图 7.13 所示。图中电流传感器和加速度传感器分别用于检测有载调压开关操作过程驱动电机电流和机械振动信号。电流信号和振动信号通过同轴电缆传送至系统主机进行数据处理，得到有载调压开关状态特征信息，专家分析系统综合这些状态特征做出智能判断，分析有载调压开关运行状态、故障程度以及发展趋势。

对于初次测量变压器有载调压开关动作运行的情况，故障诊断系统提供电流与振动信号原始数据结合分析法、包络分析法、高低频分析法、奇偶档位分析法、能量谱分析等多种数据分析方法，将各个分析方法的分析结果综合起来一起分析，以便更准确地判断有载调压开关的运行情况及故障趋势分析。

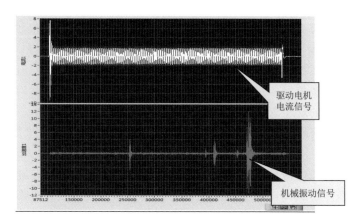

图 7.12　正常的驱动电机电流与机械振动信号原始图

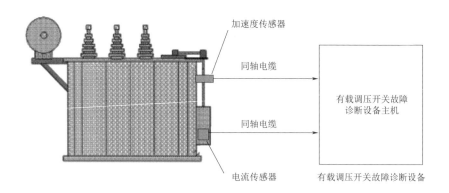

图 7.13　原理接线图

7.3　电力设备带电检测技术应用展望

随着智能传感器以及"大云物移智链"等数字化技术的发展，通过与嵌入式智能传感、物联网、人工智能、数字孪生等技术等融合应用，使带电检测实现设备状态全息感知、数据泛在物联、故障自动识别定位、数据展示高效集成，最终建成适应各种新技术接入的统一状态检测平台，实现电网设备状态智能检测与评估，为电网设备状态检修提供强大技术支撑。

在基础支撑层面，加强智能传感技术研发和应用布局，规范智能传感器接口和边缘物联代理协议，筑牢电力设备智能检测的感知基础；统一数据存储规范，开展"人工＋机器"式的智能标注，筑牢电力设备智能检测的样本基础；突破群体智能、混合增强智能等人工智能前沿技术在电网智能调度辅助决策中的融合应用，解决电网优化控制与人机融合决策的难题，筑牢电力设备智能检测的技术基础。

在架构演进方面，形成多级协同的人工智能服务，支撑设备运维等领域的人工智能应用，促进电网智能升级；同时逐步提高移动端和边缘端的覆盖范围和智能支撑能力，提升一线员工日程工作效率和智能化水平。

可以预见，未来的电力设备带电检测技术将更多地朝着在线监测方向发展，电网设备状态参数全部纳入在线监测范围，自动根据不同状态量确定采样频率，上传至智能分析云平台，云平台通过专家系统、人工智能、边缘计算等技术，综合分析各图像、数据等状态信息，实现设备状态的智能精确评估，对评估有故障的设备，自动判断故障类型并给出下一步处理建议，推送给检修人员，尽可能少的减少人为干预，实现设备状态全程、全息、自动评估。

参 考 文 献

［1］ 刘兴华，李蓝翔，刘涛，等．变压器局部放电带电检测技术与故障案例分析［J］．变压器，2019，56（5）．

［2］ 张晓龙．基于特高频法的 GIS 设备局部放电检测技术研究［D］．西安：西安理工大学，2017．

［3］ 田保坤．基于包络检波电路的 GIS 局部放电特高频检测技术［D］．济南：山东大学，2018．

［4］ 王蕾．变电站设备带电检测方法的研究［D］．济南：山东大学，2016．

［5］ 王畅．基于紫外图像中电晕放电的故障检测［D］．保定：华北电力大学，2018．

［6］ 刘佳毅．GIS 局部放电超声波检测装置的设计与应用研究［D］．哈尔滨：哈尔滨理工大学，2019．

［7］ 叶培霖．基于地电波原理的开关柜局部放电检测与定位系统研究［D］．广州：华南理工大学，2014．

［8］ 何鹏．变压器油中溶解气体分离和检测技术研究及实验平台研制［D］．哈尔滨：哈尔滨工业大学，2010．

［9］ 付彦冰．带电检测及诊断技术在高压电气设备中的应用及研究［D］．南京：东南大学，2010．

［10］ 钟振东．基于带电检测技术的变电检修方法研究［D］．济南：山东大学，2019．

［11］ 孙博．基于带电检测技术的一次设备故障诊断方法研究与应用［D］．长春：吉林大学，2017．

［12］ 张国光．电气设备带电检测技术及故障分析［M］．北京：中国电力出版社，2015．

［13］ 丘昌容．电工设备局部放电及其测试技术［M］．北京：机械工业出版社，1994．

［14］ 国家电网公司运维检修部．GIS 设备带电检测标准化作业［M］．北京：中国电力出版社，2017．

［15］ 李景禄，等．电力系统状态检修技术［M］．北京：中国水利水电出版社，2011．

［16］ 汪金刚．基于紫外检测的开关柜电弧在线检测装置［J］．电力系统保护与控制，2011，39（5）．

［17］ 郭俊，等．局部放电检测技术的现状和发展［J］．电工技术学报，2005，20（2）．

［18］ 解晓东，牛林．《变电站带电检测人员培训考核规范》辅导教材［M］．北京：中国电力出版社，2021．

［19］ 何文林，孙翔，邵先军，等．电网设备状态检测与故障诊断［M］．北京：中国电力出版社，2020．

［20］ 何文林，陈珉，等．35kV 及以上变压器振动与噪声检测技术［M］．北京：中国电力出版社，2020．